# FAITS

## ET

# OBSERVATIONS

## SUR

## LES MERINOS D'ESPAGNE.

*Cet ouvrage se trouve à PARIS,*

Chez FUCHS, Libraire, rue des Mathurins,
hôtel Cluny.

Chez A. J. MARCHANT, Impr. Libraire,
rue des Grands Augustins N°. 12.

# FAITS

## ET

# OBSERVATIONS

### CONCERNANT LA RACE

### DES

## MERINOS D'ESPAGNE

*A LAINE SUPERFINE,*

### ET LES CROISEMENS,

### PAR

Charles PICTET de Genève.

## A GENÈVE,

Chez J. J. PASCHOUD, Libraire.

AN X (1802.)

# FAITS ET OBSERVATIONS

## CONCERNANT LA RACE

### DES

## MERINOS D'ESPAGNE (1)

### *ET LES CROISEMENS.*

## PREMIER MÉMOIRE.

J'ai tiré de l'Etablissement de Rambouillet, au mois de frimaire an VIII, un lot de

---

(1) Cette notice avait paru en Thermidor an 8, dans la Bibliothèque Britannique. L'intérêt qu'inspire aujourd'hui tout ce qui concerne la précieuse race de Merinos, a fait réimprimer à Paris ce petit Mémoire. L'Auteur rend compte cette année, dans la Bibliothèque Britannique, de la suite de ses essais sur cette race, sur les croisemens, et sur quelques objets qui appartiennent au lainage. Nous réunissons ici le Mémoire de l'année dernière et celui de cette année. ( Note du Libraire. )

A

douze brebis de la race pure d'Espagne, qu'on y conserve depuis quatorze ans avec un plein succès. (1) Ces brebis avaient de trois à huit ans. Elles furent pendant 25 jours en route, sans aucun séjour, faisant 5 à 6 lieues journellement. Elles eurent des pluies presque continuelles pendant les huit premiers jours de route. Elles étaient pleines d'environ quatre mois ; et cependant elles arrivèrent dans le meilleur état possible. Le 30 frimaire, les agneaux commencèrent à naître. Le froid était rigoureux : le thermomètre était à 9 degrés au-

---

(1) Comme l'industrie des moutons, dans ses rapports avec l'agriculture et les fabriques, était toute nouvelle dans notre Département, et qu'il importait de ne pas manquer un premier essai, j'avais envoyé un jeune homme à Rambouillet, où il a fait pendant un an l'apprentissage de berger, et que je destine à dresser d'autres bergers sur les principes de cette excellente école. Je donnerai tous les renseignemens de détail qu'on me demandera.

dessous du point de congélation. Quoique la bergerie fût très-aërée , les agneaux ne parurent point en souffrir. Le 17 nivose , chaque brebis avait son agneau : il y avait six mâles et six femelles. Ils prospérèrent rapidement. Le 25 nivose , l'agneau mâle qui était né le 30 frimaire , fut pesé : il pesait 14 livres 10 onces , poids de marc. Les progrès de tous les autres furent dans la même proportion.

Le 8 floréal , le même agneau pesait 47 livres 4 onces. L'agnelette , née le 17 nivôse , pesait 31 livres 8 onces. La moyenne donne 39 livres 6 onces , à l'âge de quatre mois (1).

---

( 1 ) Ils seront pesés de nouveau â l'âge de six mois. Mais le 15 Prairial , jour où je les ai séparés des mères , pour les sevrer ; j'ai pesé le plus gros des agneaux mâles : il pesait 59 livres 10 onces. Il avait cinq mois et demi. Quand nous avons rendu compte des expériences d'Arthur Young sur les fa-

Le 16 germinal, les bêtes Espagnoles, réunies à un troupeau de brebis Suisses et Dauphinoises, ont commencé à parquer. Le temps a été pluvieux à plusieurs reprises. Toutes les fois que j'ai pû prévoir des pluies battantes, j'ai fait rentrer le troupeau, la nuit, à la bergerie ; mais il a cependant été atteint plusieurs fois par des pluies d'orage, sans que les mères ni les agneaux aient paru en souffrir du tout. Les agneaux métis, provenant d'un belier Espagnol et des brebis de Suisse ou Dauphiné, sont souvent nés aux champs ou au parc, et ont été

---

meuses races de N. Leicester et South-down, nos lecteurs ont été surpris du rapide accroissement des agneaux, dont le poids moyens à l'âge de cinq mois était de 57 livres (le V^me. vol. d'Agr. p. 35. ) Voilà un résultat tout aussi frappant, en faveur de la race des Merinos, car il ne faut pas oublier que la livre anglaise étant plus faible d'environ $\frac{2}{25}$, le poids de cet agneau répond à 64 liv. 11 onces d'Angleterre : il est vrai qu'il a quinze jours de plus.

exposés aux mêmes pluies, sans en souffrir.

Les gravures ci-jointes sont de véritables portraits, faits quelques jours avant la tonte. Voici les porportions du belier et de la brebis, prises en même temps. Le belier avait 27 pouces 3 lignes de hauteur, sur le garot, avec la laine ; 3 pieds 11 pouces de circonférence dans sa plus grande épaisseur, et 3 pieds 6 pouces de long depuis les cornes à l'origine de la queue. Il pesait 113 livres.

La brebis avait 24 pouces 9 lignes de hauteur sur le garot ; 3 pieds 8 pouces et demi de circonférence, et 3 pieds 2 pouces de long. Elle pesait 67 livres.

Le 13 prairial, les bêtes Espagnoles ont été tondues. La moyenne du poids des toisons, sans lavage préparatoire, a été de 6

[ 6 ]

livres pour les brebis : la toison du belier
a pesé 11 livres et demi (1).

A Rambouillet, il parait que la moyenne
du poids des toisons a été, année commune, d'environ une demi-livre plus forte

---

(1) Les agneaux Espagnols n'ont point été tondus:
mon intention est de leur laisser leur toison dix-huit
mois au moins. On a éprouvé à Rambouillet de laisser des Merinos trente mois sans les tondre. Les
animaux n'ont pas paru en souffrir. La laine n'est point
tombée; elle a continué à croître, et on a retrouvé,
en longueur et en poids, précisément ce que les
deux tontes auraient donné si on les avait réunies.
Une brebis a fourni 15 livres de laine. Une telle toison vaut beaucoup plus du double d'une toison ordinaire, parce qu'aucune race quelconque ne donne
une laine de sept pouces de longueur, comme celle-là,
et au degré superfin : les laines superfines ont rarement jusqu'à trois pouces de long. Cette laine filée
à dix-huit mille mètres de longueur pour la livre,
comme on file maintenant à l'île Adam ( jusqu'ici
on ne filait pour les casimirs qu'à environ huit mille
mètres ) pourrait servir à fabriquer des étoffes de
schalls plus belles que tout ce qu'on a vu jusqu'ici.

pour les brebis. Cela peut dépendre de ce qu'on tient les bêtes plus chaudement à la veille de la tonte , pour qu'elle soit plus facile ; ce qui a aussi pour effet d'augmenter le suint ; ou , peut - être , de ce que cette année-ci , le mois qui a précédé la tonte n'a point été chaud ; et que le jour même de cette opération , le temps était frais.

Les données que nous avons dans les Annales d'Arthur Young , sur les races des bêtes à laine réputées les plus précieuses en Angleterre , peuvent nous fournir un tableau de comparaison assez piquant , sur la valeur des toisons , et les bénéfices que l'on peut espérer de la race d'Espagne naturalisée en France.

| TABLEAU comparatif des quatorze races de Moutons les plus estimées d'Angleterre. (1) | | Moyenne du poids des toisons | Prix de la toison. | | Poids d'un qurtier. | Age où l'on tue les moutons. |
|---|---|---|---|---|---|---|
| | | Livres. | Fr. | Sols. | Livres. | |
| 1. Race de Dishley ou New - Leicester. | Laine à peigner | 7. $\frac{1}{2}$ | 8. | 4 | 23 | 2 ans |
| 2. de Lincolnshire . . . . . . . . | de même | 10. | 11. | — | 23 | 3 ans |
| 3. de Tees - water . . . . . . . . | de même | 8. | 9. | — | 27 $\frac{1}{2}$ | 2 ans |
| 4. Dortmorenatts . . . . . . . . | de même | 9. | 7. | 4 | 27 $\frac{1}{2}$ | 2 ans $\frac{1}{2}$ |
| 5. Exmoor . . . . . . . . . | de même | 5. $\frac{1}{2}$ | 4. | 16 | 15 | 2 ans $\frac{1}{2}$ |
| 6. Dorsetshire . . . . . . . . | laine à carder | 3. | 7. | 8 | 16 $\frac{1}{2}$ | 3 ans $\frac{1}{2}$ |
| 7. Herefordshire . . . . . . . | de même | 2. | 4. | 4 | 13 | 4 ans $\frac{1}{2}$ |
| 8. Southdown . . . . . . . . | de même | 2. $\frac{1}{4}$ | 6. | — | 16 $\frac{1}{2}$ | 2 ans |
| 9. Norfolk . . . . . . . . . | de même | 2. | 5. | 16 | 16 $\frac{1}{4}$ | 3 ans $\frac{1}{2}$ |
| 10. Heath. . . . . . . . . . | laine à peigner | 3. $\frac{1}{4}$ | 6. | — | 14 | 4 ans $\frac{1}{2}$ |
| 11. Herdwick. . . . . . . . . | laine à carder | 2. | 1. | 4 | 9 | de même |
| 12. Cheviot . . . . . . . . . | de même | 2. $\frac{3}{4}$ | 3. | 6 | 15 | de même |
| 13. Dunfaced. . . . . . . . . | de même | 1. $\frac{1}{2}$ | 5. | 8 | 6 $\frac{1}{2}$ | de même |
| 14. Sheltland . . . . . . . . | de même | 1. $\frac{1}{2}$ | 5. | 8 | 7 $\frac{1}{2}$ | de même |
| Race des Merinos à laine superfine, naturalisés en France (supposant des moutons et non des brebis.) . . . | | 9. | 18. | — | 20 | . . . . |

(1) On trouve ce tableau dans le IIIme. vol. d'Agriculture de la *Bibl. Brit.* (p. 275.) La livre Anglaise (avoir du poids) étant plus faible que la liv. poids de marc, d'environ 1 once $\frac{3}{10}$, jer éduis tout ici à liv. poids
de

[ 9 ]

Il résulte du tableau ci-contre que , dans le pays de l'Europe où l'on a le plus soigné les races de brebis , et où l'industrie des laines a le plus d'activité , la rente annuelle moyenne d'un mouton , par sa toison,

---

de marc. Je réduis de même les shellings en francs de France, pour que la comparaison soit plus facile. Il faut observer encore que le poids des toisons Amglaises est tel après un lavage imparfait de la laine sur le mouton, ce qu'on appelle laver à dos. On ne lave point à dos à Rambouillet, et je n'ai pas voulu changer de méthode pour des bêtes qui y ont été élevées; d'ailleurs la saison étant fraîche et pluvieuse, il aurait pu y avoir quelque danger pour les brebis. Cela ne change rien aux rapports des prix des toisons, entre les Mérinos et les races Anglaises, tel que le tableau ci-dessus le démontre. Les moutons ont des toisons tout aussi pesantes que les beliers. La réduction est d'environ ⅓ dans le lavage complet. La toison de mon belier, supposée réduite à quatre livres dix onces, et vendue à 5 francs 10 sous ( prix que l'on offre ) vaudrait 24 francs 15 sols. Vendue en suint à 2 francs, elle ne rendrait que 22 francs 12 s. 6 d. ; donc le prix supposé de 2 francs n'est pas très-haut, et j'observerai que les laines de Rambouillet viennent de se vendre 2 francs et 3 sols la livre en suint.

est de 6 francs et 6 sols de France ; tandis que celle d'un mouton de race pure d'Espagne est près de trois fois plus considérable (1).

à la vente publique qui se fait annuellement. J'établis la moyenne du poids des toisons de moutons à 2 livres 10 onces en-dessous du poids de la toison de mon belier, parce que celui-ci est très-distingué.

On verra par le 2me. mémoire combien les suppositions sur le prix des toisons étaient médiocres. (Note du libraire).

(1) Il ne faut point que la crainte de ne pas avoir un emploi ou une vente facile des laines retienne ceux qui seraient disposés à essayer de cette race. Les fabriques des beaux draps et casimirs auxquels la laine d'Espagne est indispensable, créent une demande constante de cette matière première, et pour 3 ou 4 sols par livre, on peut l'envoyer à cent-cinquante lieues. On m'a offert 5 francs 50 centimes de la livre de cette laine lavée, en telle quantité que je voudrais la fournir : on en jugeait sur les échantillons envoyés. On en fait des tricotages très-beaux ; et elle est éminemment propre, par sa finesse, sa légèreté, son nerf, et sa blancheur, à tous les ouvrages en laine qui demandent la perfection du travail. J'ai l'espérance de voir naître bientôt chez nous une nouvelle industrie, de l'emploi de cette belle matière.

Les brebis nourrices ne donnent jamais autant de laine que les beliers ou les moutons ; et on voit que la différence a été extrêmement considérable dans mon troupeau. Mais la principale rente des brebis est celle de l'agneau qu'elles font tous les ans, et qui, dès la seconde année, a un prix égal à celui de la mère.

On ne connaît pas encore en France les ressources qu'on pourra trouver dans la race d'Espagne, sous le rapport de l'engrais pour la boucherie ; parce que les mâles ont été soigneusement réservés pour la reproduction, et le seront encore pendant bien des années, jusqu'à-ce que cette race précieuse soit répandue sur tout le sol de la France. Cependant, on fait actuellement, à Rambouillet, quelques expériences sur cet objet particulier : nous en ferons connaître le résultat à nos lecteurs.

Il est parfaitement prouvé que, non-seu-

lement les laines de ce troupeau national
n'ont souffert aucune altération, mais qu'il
est difficile d'en trouver en Espagne qui
leur soient comparables pour la finesse, le nerf, et toutes les qualités qu'on
recherche dans les laines superfines. Ce
fait n'étonnera pas, si l'on réfléchit que
les beliers destinés à la reproduction, dans
le troupeau de Rambouillet, ont toujours
été choisis parmi les individus les plus parfaits sous tous les rapports ; au lieu qu'en
Espagne, les troupeaux se mêlant dans les
voyages, les beliers médiocres fécondent
souvent les brebis, et donnent des productions moins belles.

On est revenu aujourd'hui du préjugé
qui attribuait à l'air de l'Espagne, aux voyages des troupeaux, et à la qualité des pâturages, l'avantage exclusif de produire les
laines superfines. L'expérience de d'Aubenton, celle du troupeau de Rambouillet ;

la pleine réussite des races d'Espagne en Suède , en Saxe , en Danemark , en Hollande ; les essais heureux répétés dans diverses parties de la France , ont mis hors de doute que le succès des troupeaux de cette race dépend de soins faciles ; et que partout où elle est bien nourie et bien soignée , sa laine se conserve sans la moindre dégénération.

Toutes les causes ordinaires de non-succès , toutes les chances défavorables , sont affaiblies , lorsque l'on compose son troupeau d'une race aussi excellente que l'est , à tous égards , la race des merinos. On peut observer que les bêtes de cette race se remplissent plus promptement sur le même pâturage , que les races communes avec lesquelles elles sont réunies. Elles mangent indifféremment de toutes les herbes qui se présentent devant elles. Elles se nourrissent sur les bordures des chemins ;

dans tous les endroits où il y a du vert, et où souvent les bêtes du pays ne veulent point pâturer. Les moutons Espagnols de la race des merinos, ont un avantage qui a déjà été remarqué. La plupart des races de France, perdent leurs dents entre cinq et huit ans : les bêtes Espagnoles les conservent jusqu'à quinze ans et plus tard. Elles vivent plus long-temps (1), sont singuliérement robustes, résistent très-bien au parc, et paraissent moins disposées qu'aucune de nos races de France, à la maladie du foie, connue sous le nom de pourriture. L'établissement de Rambouillet en offre la preuve. Le pays, est ce qu'on appelle mal-sain pour les moutons ; c'est-à-

---

(1) Il existe à Nogent, chez le Cit. Marais, une brebis d'Espagne qui doit avoir 16 ans. Elle faisait partie du troupeau venu en France en 1786. Elle a fait encore un agneau l'hiver dernier, et a toutes ses dents.

dire, que comme les terres sont argileu-
ses, froides, et retiennent les eaux, les
moutons y ont toujours été fort sujets à
la pourriture. Depuis quatorze ans que le
troupeau d'Espagne y est établi, cette maladie est inconnue dans l'établissement. On
le doit, sans doute, principalement aux
soins des bergers pour ne jamais laisser
pâturer à la rosée ni dans les lieux humides, comme aussi à une nourriture suffisante et saine dans la bergerie ; mais il est
difficile de croire qu'une autre race eût
échappé aussi complettement à l'influence,
et que la constitution des bêtes Espagnoles, n'ait pas beaucoup aidé à les en préserver.

Pour tous ceux qui sont placés de manière à avoir un troupeau, et faire des
élèves de cette race précieuse, il ne paraît
pas qu'aucune spéculation agricole puisse
rendre autant. On peut former un troupeau

à peu de frais, avec les brebis du pays, et améliorer la race, d'année en année avec des beliers de race pure (1). Cette industrie si riche et si intéressante, sous les rapports du commerce, se marie très-heureusement avec l'industrie agricole. Le parcage offre aux cultivateurs les plus grandes ressources pour l'amendement des terres, et facilite certains assolemens très - productifs. Nous rendrons compte des résultats de notre expérience à cet égard, dans un canton où ce procédé était à-peu-près inconnu (2).

---

(1) Les instructions publiées sur cela par le Conseil d'Agriculture, et rédigées par les Citoyens Tessier et Gilbert, ne laissent rien à desirer.

(2) Le Citoyen J. M. Lullin de Châteauvieux, petit-fils du célèbre cultivateur du même nom, et habile agriculteur lui-même, élève depuis dix-huit ans des bêtes à laine avec succès, dans le voisinage de Genève. Le parcage a toujours été son principal objet. Il s'occupe aujourd'hui aussi du perfectionnement des laines, et suit la marche des croisemens

Enfin

Enfin, sous quelques rapports que l'on considère la culture des bêtes à laine, soit qu'on ait en vue les progrès des manufactures et du commerce, soit qu'on ait pour but les améliorations agricoles, il n'en est point de plus satisfaisante par l'évidence du bien produit pour la communauté, ni de plus avantageuse pour le cultivateur lui-même. Lord Somerville, le Président du Département d'Agriculture en Angleterre, et très-habile agriculteur, après avoir déploré, dans un discours au Département, l'imperfection des procédés rélatifs à l'amé-

---

pour arriver à la race pure. Nous réunirons nos efforts pour triompher du préjugé très - généralement établi, d'après des expériences défectueuses, que ce pays - ci était mal sain pour les bêtes à laine. Il m'écrit qu'un belier et une brebis que mon berger lui a amenés de Rambouillet ont eu, l'un dix livres sept onces, l'autre cinq livres quinze onces de laine. On voit que la supposition de neuf livres pour les moutons n'est pas trop forte.

B

lioration des laines dans la plupart des provinces, ajoute avec beaucoup de raison :
« Les bêtes à laines sont des animaux si
„ utiles à l'homme, que comme que nous
„ nous y prenions, quelques erreurs, quel-
„ ques méprises que nous fassions dans la
„ conduite des troupeaux, ils nous nour-
„ rissent, nous habillent, et nous enrichis-
„ sent : il n'est pas possible, en quelque
„ sorte, d'être en perte avec les moutons. „

# DEUXIÈME MÉMOIRE

## *SUR LES MERINOS*

## A LAINE SUPERFINE.

J'AI rendu compte l'année dernière de mes essais sur la race des Mérinos à laine superfine ( 1 ). J'ai donné le tableau comparatif de la rente que ces animaux fournissent par leurs toisons, avec le produit, en laine, des quatorze races les plus distinguées de l'Angleterre; et j'ai dit que cette branche de notre économie agricole paraissait aussi intéres-

_____________________

(1) Voyez le cinquième volume d'*Agriculture*, *de la Bibliothèque Britannique* page 202.

sante sous le rapport du commerce national que lucrative pour les particuliers qui voudraient la cultiver.

Avant que l'expérience eût justifié mes conjectures sur le succès que je pouvais espérer, je n'avais point osé me livrer à la culture des bêtes à laine superfine autrement que par essai. J'avais commencé par douze brebis de la superbe race de Rambouillet : j'ai rendu compte de leurs produits de l'année dernière en agneaux et en laine. La réussite m'encouragea. J'augmentai mon troupeau, à deux reprises, par des achats de brebis de race pure ; et moyennant l'accroissement de trente-un agneaux que j'ai élevés cette année, après en avoir vendu les beliers surnuméraires, mon troupeau est aujourd'hui composé de cent-cinq bêtes de cette race précieuse, dont sept beliers et quatre-vingt-dix-huit brebis, portières, antenoises, ou agnellettes. J'ai, en outre, continué à me procurer des métis provenant des brebis de Suisse, croisées avec des beliers Espagnols. Aujourd'hui, que j'ai montré, par mon expérience, la facilité avec laquelle ou peut obtenir ainsi, dès la première génération, une laine d'une finesse extraordinaire, et une race plus belle et plus forte que celles du pays, je laisse la culture des métis à ceux qui sont placés pour s'y livrer, et je me borne à la race pure des mérinos : je conserve néanmoins, à part, une douzaine de brebis métisses de couleur, afin de pousser les croisemens jusqu'à la quatrième génération, et d'obtenir, par cette voie, des laines de couleur qui auront toute la finesse des laines Espagnoles, ainsi que le poids des toisons des mérinos.

Comme j'ai suivi mon troupeau de jour à jour depuis près de trois ans, et que j'ai eu occasion de faire diverses observations, qui peuvent avoir quelqu'intérêt ou quelque utilité pour ceux qui veulent cultiver cette branche d'économie rurale, je vais entrer dans des détails, soit sur les caractères particuliers à la race des mérinos qui n'ont pas encore été remarqués, soit sur les soins qui peuvent assurer la réussite de ces animaux, soit enfin sur les avantages qui résultent, pour le cultivateur, des entreprises de croisemens, lorsqu'elles sont bien conduites.

La conformation des mérinos est assez variée, selon les provinces, ou les troupeaux, dont ils sont originaires. Ils sont plus ou moins corsés, plus ou moins trapus ou élancés; mais, en général, ils ont les os gros, la croupe cornue, la tête quarrée, les jambes fortes, le col épais, avec un fanon assez marqué, et le plus souvent les jarrets serrés. Cette construction ne semble pas la meilleure, d'après les principes admis pour les autres races. La grosseur des os, en particulier, est un désavantage relativement à la facilité de prendre la graisse : c'est du moins ainsi qu'on considère cette conformation dans le pays du monde où l'on a le plus étudié les qualités extérieures des bêtes à laine, sous le rapport de la facilité à prendre la graisse.

La longévité des mérinos a été souvent remarquée. Ces animaux, destinés à une vie moyenne de douze à quinze ans, ont une croissance proportionnellement plus lente, et se développent, à tous égards, plus tard que les autres races. Ce n'est qu'à trois ans accomplis qu'un belier ou une brebis de race pure a toute sa grosseur, tandis que dans nos races communes, les individus ont souvent acquis leur entier développement à quinze ou dix-huit mois. Les mérinos posent et reprennent leurs dents quelques mois plus tard que les races de France. Les femelles ne prennent le belier que lorsqu'elles sont antenoises : rarement avant l'âge de dix-huit à vingt mois, et quelquefois seulement à trente mois accomplis. Les beliers paraissent habiles à la génération dès la première année, mais il y a beaucoup à gagner à les laisser développer jusqu'à la fin de la seconde année avant de leur livrer les brebis.

La timidité, qui est le caractère général des bêtes à laine, semble être plus grande encore dans la race des mérinos que dans les races communes ; mais les bêtes de cette race ont sensiblement moins de gaieté, et, à certains égards, moins d'instinct que les autres. Rien n'est si rare que de voir des agneaux mérinos sauter de gaieté, comme on l'observe tous les jours chez les agneaux, les antenois, et même les bêtes adultes des races Françaises ou Suisses : ils ont une démarche plus mesurée, plus cadencée, et ils paraissent tenir de la gravité Espagnole : les mérinos ne trouvent de vivacité que pour échapper à la main qui veut les saisir, ou lorsque l'amour, la jalousie ou la faim les met en mouvement.

J'ai fait sur les brebis nourrices une observation qui ne s'est jamais démentie, c'est qu'elles ne sont point jalouses de leur lait, comme le sont les brebis des races Françaises : pourvu que leur agneau tette d'un côté, elles abandonnent l'autre au premier agneau qui veut s'emparer de la place. L'instinct des agneaux mérinos les porte à tetter la brebis qui se trouve à leur portée, mais seulement pour suppléer à l'allaitement de leur mère : ils commencent toujours par celle-ci, qui ne peut point leur fournir assez de lait, parce que les mammelles de toutes les mères du troupeau sont en commun entre les agneaux.

On voit par là combien il importe que les agneaux soient tous à-peu-près de même force, parce que les plus forts étant toujours les premiers à s'emparer d'une place vacante, et passant successivement à trois ou quatre brebis, affament les plus faibles. Pour obtenir cette égalité de forces, il faut avoir soin de donner les beliers à toutes les brebis dans le même temps, autant que cela est possible. Le temps de la monte ne doit guères durer plus d'un mois; et pour ménager les beliers, il ne convient pas que chacun d'eux ait plus de vingt-cinq brebis.

Dans les races communes, il y a à

gagner en nombre d'agneaux, à laisser le belier toute l'année avec les mères. Les brebis des races de Suisse, dont j'ai l'expérience, reprennent le belier trois ou quatre mois après avoir mis bas, et pendant qu'elles allaitent encore leurs agneaux : elles donnent ainsi fréquemment trois agneaux en deux ans. Il y a alors, dans le troupeau, des agneaux de tout âge, et de toute taille, sans qu'il y ait d'inconvénient du genre de celui que j'ai remarqué. La mère ne permet jamais qu'à son propre agneau l'usage de son lait, et elle le sèvre d'elle-même, lorsqu'elle devient pleine. Avec ce régime, un belier peut suffire à soixante, et jusqu'à cent brebis; parce que le temps des chaleurs se succédant toute l'année, il ne s'épuise pas.

Le temps où les brebis mérinos demandent le belier commence aux premiers jours de juillet ( au milieu de messidor ); si l'on donne les brebis à cette époque, tous les agneaux naissent en décembre. Comme ils coûtent plus cher à hiverner lorsqu'ils viennent de bonne heure, et que l'on a écrit et répété que les agneaux qui naissaient quand les herbes poussent, devenaient plus beaux, on cherche communément à retarder le moment où les brebis prennent le belier : lorsqu'on a ce but, il faut avoir soin d'écarter le belier du troupeau jusqu'au milieu d'octobre ; parce que les brebis portant cinq mois, les agneaux viennent du 15 mars au 15 avril ( courant de germinal ). Je crois la méthode vicieuse, et sujette à plusieurs inconvéniens.

D'abord j'observerai ( et en cela je ne fais que répéter Gilbert ) que la nature ayant déterminé une époque à laquelle les brebis demandent le belier, ce n'est qu'en la contrariant que l'on retarde les accouplemens. Il arrive assez fréquemment que si l'on laisse passer les premières chaleurs, pour ne donner le belier qu'à la seconde ou à la troisième fois que la brebis le demande, elle ne retient pas, ou ne porte qu'un agneau faible. J'ai éprouvé d'une manière très-marquée, l'avantage que conservent les individus provenans des accouplemens qui ont eu lieu dans les premières chaleurs de la brebis, sur les agneaux provenans des accouplemens retardés. Non-seulement parmi les agneaux purs, la différence a été très-sensible, mais les métis nés au commencement de décembre ont conservé un avantage étonnant sur les purs, qui sont nés un ou deux mois plus tard (1).

Si en donnant le belier dans le temps

_______________________

(1) L'année dernière je crus bien faire en retardant l'accouplement des brebis mérinos jusqu'en

où les brebis le demandent, c'est-à-dire,
dès le commencement de juillet, on n'a-
vait pas soin de bien nourrir les brebis à

---

août; mais je donnai le belier aux brebis suisses
qui le demandaient à la fin de juin. Il en a résulté
que, quoique celles-ci soient moins corsées et moins
pesantes que les Espagnoles, leurs agneaux ont eu
un développement plus rapide, et sont d'une
beauté et d'une force bien plus remarquables. J'ai
pesé, aujourd'hui 11 thermidor, deux agneaux
mâles métis, nés l'un le 11, l'autre le 22 frimaire
dernier, qui ont, par conséquent, l'un sept mois
dix-neuf jours, l'autre huit mois accomplis : ils
sont égaux à quelques onces près, et pèsent chacun
soixante-dix livres, poids de marc, c'est-à-dire,
qu'ils ont un avantage d'environ vingt-cinq livres
sur la moyenne des agneaux purs, nés un mois et
demi plus tard : avantage prodigieux, et qu'il est
impossible que les autres reprennent. Ces deux
agneaux mâles métis sont si beaux, que je les ai
conservés entiers, en les éloignant du troupeau.
Les curieux peuvent les voir chez moi, et se con-
vaincre de ce fait remarquable.

*N. B.* Les deux agneaux ci-dessus ont été pesés pour
la 2me. fois, le 3e. jour complémentaire de l'an 9. Le
blanc, qui est le plus âgé, pesait 79 liv. et le brun
76 liv. poids de marc.

la bergerie dans le dernier mois de la gestation, et pendant l'allaitement, on n'aurait également que des agneaux médiocres. Les choux, les turneps et les autres racines, sont sans doute un excellent supplément au foin, lorsqu'on est à portée de se les procurer en abondance suffisante ; mais les recoupes de luzerne et de tréfle, avec une ou deux poignées d'avoine chaque jour, suffisent à donner aux brebis une grande abondance de lait, et à assurer la réussite des agneaux. Ceux-ci, lorsqu'ils sont venus en bon temps, c'est-à-dire, en frimaire et nivôse, prospèrent rapidement avec ce régime. Ils ont environ quatre mois lorsque la pousse des herbes vient augmenter la quantité du lait des mères, et fournir aux agneaux eux-mêmes un pâturage dont ils ont besoin. C'est le temps où ils exigent beaucoup de nourriture, et où leur accroissement est le plus rapide.

Il convient de sevrer les agneaux lorsqu'ils ont environ cinq mois , parce que ce n'est pas donner trop de deux mois aux mères pour se remettre de la fatigue de l'allaitement , avant qu'elle reprennent le belier. De cette manière , les brebis se con-servent en bon état, durent long - temps , et donnent constamment de beaux agneaux, pourvu que les beliers soient bien choisis.

Une autre raison qui me paraît très-bonne pour donner le belier de bonne heure dans la saison ( c'est-à-dire , dès que les brebis le demandent ) c'est qu'alors, à la seconde année , les antenoises sont suf-fisamment fortes pour prendre aussi le be-lier , dans le même temps que les vieilles brebis. Une antenoise Epagnole de 18 à 20 mois , prend très-sûrement le belier , si elle a été bien nourrie dès sa naissance , si sa crois-sance n'a été retardée par aucun accident, et si elle est bien portante. Si les antenoises n'ont que 15 à 16 mois , dans le moment où

les

les vieilles brebis commencent à prendre
le belier , elles ne le prennent que deux
ou trois mois plus tard , et quelquefois
ne le demandent qu'à leur troisième année.
Dans le premier cas , il en résulte l'inconvénient de l'inégalité des forces pour les
agneaux ; dans la seconde supposition ,
l'on perd un an pour la reproduction.

Non-seulement il importe que les agneaux
Espagnols soient de même force tant que
dure l'allaitement ; mais il est très - avantageux qu'ils soient aussi de même force lorsqu'on en forme un troupeau séparé pour
les sevrer ; et c'est encore une raison pour
tâcher que la monte dure le moins de
temps qu'il est possible.

Gilbert recommande de séparer les
agneaux mâles des agnelettes de l'année.
C'est un soin qui complique la tâche des
bergers , et que je n'ai point trouvé né-

cessaire. Comme cette race est tardive , les agnelles de l'année ne demandent jamais le belier, et celui-ci ne les regarde point. Les agneaux mâles de l'année demeurent aussi très-indifférens à côté des agnelles : je n'ai pas éprouvé le moindre inconvénient du mélange des sexes dans la prémière année ;/ et dès que la séparation des agneaux et agnelettes a eu lieu, pour le sevrage pendant le temps nécessaire , les mères ont oublié leurs nourrissons , et on peut les remettre indistinctement avec le troupeau, sans avoir rien à craindre de cette réunion , lors même qu'on donne les beliers pour la monte. Ce n'est pas que, si l'établissement est considérable , et que l'on ait deux ou trois vagans , il ne soit mieux encore de laisser à part les agneaux de l'année, parce qu'on leur fait éviter ainsi les chances d'accidens au ratelier , avec des beliers qui sont quelquefois méchans , sur-tout dans

[ 35 ]

le temps de la monte ; et que d'ailleurs
ces agneaux, tous à-peu-près de la même
taille, se nourrissent mieux lorsqu'ils sont
entr'eux, que lorqu'ils sont soumis aux
caprices des animaux plus forts.

Il est possible que, pour les races
Françaises, il y ait plus de convenance à
ne faire naître les agneaux qu'au printemps ; mais pour la race des mérinos, je
n'hésite pas à donner la préférence à l'autre méthode. Il en coûte plus de fourrage
pour la nourriture d'hiver, mais on trouve
une ample compensation de cette dépense
dans la prospérité des agneaux, et dans
l'avantage de faire porter toutes les antenoises l'année suivante.

L'usage de Rambouillet est d'attendre à
la troisième année pour donner le belier
aux jeunes bêtes. Ce qui peut être bien
vu dans un établissement national où l'on

conserve le type de la plus belle race Espagnole, soit pour les formes, soit pour la laine, soit pour la santé et la force, serait un véritable luxe dans un établissement particulier ; et je doute encore si le principe reconnu le meilleur pour les vaches, qui est de donner le taureau quand la genisse le demande, n'est pas aussi le plus avantageux pour les bêtes à laine ; et si, tout considéré, il n'y a pas plus à perdre dans ce retard, même pour la beauté des individus. Mais, je le répète ; il s'agit d'antenoises de 18 à 20 mois, et non de 15 à 16 ; et à Rambouillet, on donne le belier plus tard dans la saison que je ne le conseillerais aux particuliers pour leur pratique.

Lorsqu'on se forme un troupeau de race pure, il convient de porter son attention tout à-la-fois sur divers objets qui importent à la perfection du troupeau, mais en les subordonnant néanmoins les uns aux autres, selon leur degré d'utilité. J'ai parlé du troupeau de mérinos que le Roi d'Angleterre a fait multiplier à *Oatlands*, et qui y réussit très-bien (1). J'ai observé, à cette occasion, que les Anglais visant déjà à perfectionner la race sous le rapport de la faculté de prendre la graisse, risquaient de s'éloigner de l'objet essentiel et caractérisque pour les mérinos, savoir la qualité superfine de la laine. On sait que le choix des beliers influe beaucoup davantage sur la qualité des agneaux que le choix des mères, sur-tout par rapport à la laine. Un belier parfait est un animal aussi rare, et aussi difficile à trouver qu'un cheval parfait de tous points. L'un a la beauté des formes, mais laisse à

---

(1) Voyez le cinquième vol. d'*Agricult.* de la *Bibliothèque Britannique*, p. 387.

C 3

desirer un degré de superfin dans sa laine, l'autre pèche par les formes, mais a une toison admirable. Mille nuances peuvent se trouver entre ces deux exemples, soit pour la tournure et la force de l'animal, soit pour le degré de fin, soit pour le tassé de la toison, pour la présence ou l'absence du jarre, la mollesse ou le nerf de la laine, etc. Il y a toujours quelque détail par lequel l'animal se montre imparfait. Il faut donc se décider dans le choix des beliers, par un certain trait caractéristique : or, je pense que, pour les mérinos, ce trait doit être la finesse parfaite de la toison, jugée à une forte loupe, et au micromètre. Si l'animal est beau de corsage, s'il est ardent et vigoureux, si sa toison est tassée, nerveuse et pesante, c'est tant mieux assurément, et un tel belier a un très-grand prix ; mais il aurait toutes les qualités qui sont réputées les plus essentielles dans

les races communes, que si sa laine n'est
pas fine au premier degré il convient
de l'écarter.

Les beliers influent plus relativement à
la qualité de la toison des agneaux, et
les mères influent davantage relativement
à la construction et aux formes : cette
observation qui a été faite souvent, se
trouve jusqu'ici pleinement confirmée par
mon expérience, ainsi que je le dirai,
en parlant des métis. Pour approcher de
la perfection le plus qu'il est possible,
dans la formation d'un troupeau de mérinos, il ne faut donc pas oublier que
cette race est destinée à donner des
toisons dont la beauté n'est égalée par
celle d'aucune autre race quelconque. Le
choix soutenu d'année en année des beliers
les plus-fins parmi les superfins, élève
peu-à-peu la qualité des laines au plus
haut degré. En veut-on la preuve ? les

troupeaux de Rambouillet et de Croissy sont maintenant sensiblement plus fins que les mérinos d'Espagne. Gilbert l'avait observé ; mais on pouvait soupçonner qu'une sorte de prévention assez naturelle en faveur du troupeau à la prospérité duquel il avait tant contribué, lui faisait quelque illusion. Aujourd'hui que les brebis Espagnoles choisies par lui avec le plus grand soin ont été distribuées dans les divers Départemens de la République, on peut s'assurer de cette différence, elle est extrêmement sensible (1). Chacun peut également comparer la

_______________

(1) Le Cit. Girod de Gex, ayant fait venir dix brebis et deux beliers de ce troupeau de mérinos choisis en Espagne parmi les plus beaux du pays, a été tellement frappé de la différence entre leur laine et celle de mon troupeau, qu'il est venu d'abord m'acheter un belier de trois mois à un prix double de ce que lui coûtent ses beliers adultes qui arrivent d'Espagne. Nous avons comparé la laine

laine d'Espagne du commerce avec les laines de Rambouillet : il y a une diffé- rence très - marquée en faveur de ces dernières : elles soutiennent la comparaison avec les piles les plus renommées de toute l'Espagne , telles que l'*Infantado* , les *Bermudos* , etc. A quoi tiennent ces différences ? il est probable que c'est uniquement au choix scrupuleux des beliers , quant à la finesse de la toison , dans les établissemens dont je parle , et à la négligence des bergers Espagnols , relativement à ce point , le plus impor- tant de tous.

On a cru long-temps qu'il fallait l'air de l'Espagne , les pâturages d'Espagne ,

---

de ses brebis-mérinos avec la laine de mes métis , de première génération ; et il est convenu avec moi que la laine de mes métis était sensiblement plus fine.

et les voyages qu'on fait faire dans ce
pays-là aux troupeaux , pour obtenir les
laines superfines Espagnoles. Ce préjugé
était excusable , parce que l'analogie y
conduisait. Il y a des races dont les laines changent en effet de nature, selon
les pâturages et le climat ; mais enfin il
est constant que la race des mérinos n'est
pas soumise à cette loi : des faits sans
nombre le prouvent. Sa laine se conserve
dans toute sa beauté primitive , et peut
même gagner en finesse dans tous les
pays, par les soins convenables et le choix
des beliers. Les succès obtenus en Suède,
en Danemarck , en Saxe , en Hollande,
en Angleterre, dans toutes les parties de
la France , et au Cap de Bonne - Espérance, prouvent cette vérité sans replique.

Le choix des beliers, *quant à la finesse
de la toison* , est donc la base sur laquelle repose toute espérance de succès

distingués dans l'éducation des mérinos :
c'est à cet objet particulier qu'il faut sa-
crifier les considérations de formes , de
prétendue beauté ; et de disposition à
prendre la graisse. Cette race est destinée
à donner les plus belles laines de la terre ,
et non à offrir des spéculations aux
bouchers.

A finesse égale dans les toisons des
beliers , il y a encore des différences
d'individu à individu , qui peuvent déter-
miner le choix. La toison la plus parfaite
n'est pas seulement la plus fine : elle est
aussi la plus serrée , la plus égale , la
plus longue , la plus chargée de suint,
la plus élastique, la plus forte , et la plus
exempte de jarre. Je reprends ces divers
points.

Lorsqu'on a l'habitude d'examiner des
toisons de mérinos sur le dos de l'animal,
on juge assez bien, à la main, du degré

de tassement ou du serré de la laine. On en juge aussi en voyant marcher l'animal. Si la laine s'entrouve par feuillets sur la croupe et le garot, elle n'est pas extrêmement tassée. On s'en assure mieux encore en écartant les brins de la toison, dans diverses parties du corps, et sur-tout sur les épaules, où la laine est toujours plus rare qu'ailleurs : plus on a de peine à découvrir la peau, et mieux c'est. En faisant le même examen comparatif sur deux beliers entre lesquels il s'agit de choisir, on ne peut guère se tromper. La différence du tassement de la toison peut en faire une très-considérable dans son poids. J'ai vu deux beliers mérinos égaux d'âge, de taille et de finesse, dont l'un donnait plus de douze livres, et l'autre moins de huit livres de laine, uniquement par la différence du fourré de la toison. ( 1 )

---

(1) Il faut prendre garde que l'animal ne plie pas

Je dis que la belle laine superfine doit être égale, c'est-à-dire, que tous les brins d'une mèche d'échantillon prise sur l'épaule ou les flancs doivent être sensiblement égaux en finesse : c'est ce qui n'arrive pas, à beaucoup près, chez tous les individus. Il y a des mérinos dont la laine frappe au premier coup-d'œil, par son extrême beauté ; mais si on l'examine attentivement à la loupe, on voit que le calibre des brins de laine est sensiblement iné-gal ( 1 ).

Quant à la longueur, il y a encore

---

le col du côté où l'on tâte la toison sur l'épaule : cela fait illusion pour le tassement de la laine. C'est une fraude dont les vendeurs font quelquefois usage, et dont il faut se défier.

( 1 ) On l'observe de même dans les plus belles laines de métis. L'influence des ascendans du côté de la mère se fait sentir pendant plusieurs généra-tions, mais il faut quelquefois une attention très-

des différences marquées parmi les indi-vidus de cette race. La laine d'Espagne est toujours courte. Les brins qui ont une croissance d'un an ont ordinairement 3 pouces de long, rarement 4, et souvent pas plus de 2. Comme la longueur fait supporter à la laine une filature plus fine, elle donne à la toison plus de mérite, et doit contribuer à décider le choix, à finesse égale. Mais j'ai remarqué jusqu'ici que les toisons extrémement tassées s'allongent moins : il s'établit une sorte d'équilibre : ce que la nature accorde en accroissement du nombre des brins, elle le retranche sur leur longueur.

L'abondance du suint est un caractère

---

exacte pour s'en appercevoir. Lorsqu'il y a inéga-lité dans la toison d'un mérinos, cela est proba-blement dû à ce que quelqu'un de ses ascendans n'était pas d'une finesse parfaite.

des mérinos. Ils en ont une si grande quantité, que leur laine se charge de poussière et de saletés, et est extérieurement d'un gris noirâtre. Cela est plus sensible dans certains individus que dans d'autres, et peut aussi dépendre, jusqu'à un certain point, des pâturages. En général, c'est un signe de vigueur et de santé. Les plus beaux individus de mon troupeau sont aussi les plus chargés de suint. J'ai un belier ( le même dont je donnai le portrait l'année dernière avec la notice que je publiai ) qui est un animal extrêmement distingué, pour la laine, la taille, les formes, et la vigueur. Il a une si grande quantité de suint, que sa laine en est presque noire à l'extérieur, sur-tout aux flancs et au col. En jetant les yeux sur un troupeau de mérinos, on ne risquerait pas de se tromper beaucoup en choisissant comme les meilleures bêtes celles dont la laine paraît noirâtre à l'extérieur. Celles qui sont d'un gris sale viennent ensuite; et les plus médiocres sont d'un gris roux ( 1 ).

L'élasticité de la laine, ou son nerf, se juge mieux lorsqu'elle est lavée : si l'on en prend une poignée dans la main, et qu'après l'avoir serrée, on r'ouvre la main, elle doit reprendre à l'instant son volume. Les laines d'Espagne ont généralement cette qualité à un degré remarquable ; mais sur cela, comme sur tout le reste, il y a des nuances d'individu à individu. Pour juger l'élasticité de la laine en suint, il faut en prendre une mêche

_______________

( 1 ) Je suppose qu'il s'agit de bêtes tondues à la même époque. Les agneaux de six mois à un an, et les antenois jusqu'à dix-huit mois quand ils n'ont pas été tondus, sont plutôt roux que grisâtres sur le dos ; mais leurs flancs sont noirâtres, s'ils ont la dose de suint qu'ils doivent avoir.

un peu considérable, et la presser entre
le pouce et le premier doigt à plusieurs
reprises, pour essayer son ressort : il faut
ensuite l'étendre dans sa longueur, et voir
si elle reprend avec force la première di-
mension que son frisé lui donnait.

On juge de la force de la laine en rom-
pant des brins successivement de deux
échantillons que l'on veut comparer. Il
faut avoir soin, en faisant cet examen,
que les laines que l'on compare aient la
même croissance : la laine qui n'est pas
mûre n'a pas autant de force que celle
qui est à son point de développement ; et
la laine qui a été dix-huit mois sur l'animal, perd un peu de sa force dans l'ex-
trémité des mèches.

Le jarre se trouve en petite quantité
dans presque toutes les toisons Espagnoles
que l'on examine attentivement ; mais ce

D

n'est pas un poil long dur et grossier, comme dans les races Françaises qui sont jarreuses : c'est un poil de deux à trois lignes de long, fin, roide, et d'un blanc de perle, qui tombe lorsque l'on bat les laines après le lavage, et ne nuit pas à la fabrication. Cependant lorsqu'il est abondant, il déprécie la toison, et quand on peut trouver un belier fin qui en soit totalement exempt, l'animal en a bien plus de prix. C'est sur le toupet, et au ventre, que le jarre se trouve le plus abondamment : lorsqu'on n'en apperçoit point dans ces deux parties, le belier n'en a pas dans le reste du corps.

Je dois faire encore une observation importante, relativement au degré de finesse des laines dans le choix des beliers. Quelques personnes croient, et on a même écrit, que l'agnelin, soit la laine d'agneaux, avoit plus de finesse que celle de l'ani-

mal adulte : c'est une erreur. J'ai conservé
des mèches de laine prises sur les agneaux
mérinos à trois mois, six mois, un an,
et dix-huit mois. J'ai vu que la laine s'af-
finait très - sensiblement à mesure qu'elle
croissait, et que le dernier échantillon
semblait appartenir à un autre animal
lorsqu'on le comparait à la première
mèche. J'ai éprouvé la même différence,
à-peu-près, entre divers échantillons pris
à diverses époques de la croissance de la
laine sur un animal adulte. Il faut donc,
lorsque l'on compare la laine de deux
individus, que leur tonte ait été faite
dans le même temps, pour pouvoir en
bien juger ; et si l'on est appelé à examiner la laine d'un belier lorsqu'elle n'a
que trois à quatre mois de croissance, il
faut avoir égard à ce fait pour l'appré-
cier, chose qui n'est pas facile, si l'on
n'en a pas une grande habitude.

Je suis entré dans tous ces détails, parce qu'ils sont relatifs à l'objet de beaucoup le plus important dans cette branche d'économie agricole. La forme des moutons est une affaire de fantaisie : il faut apprendre à voir les mérinos en connaisseur, comme on regarde les chevaux de race. Un animal qui porte annuellement une toison de trente à quarante francs, dont on peut décupler la valeur, par la main-d'œuvre, est toujours un bel animal, quelle que soit sa construction; et vouloir s'occuper trop tôt d'approprier cette race aux spéculations des bouchers serait une grande faute, soit sous le rapport de l'intérêt du cultivateur, soit sur-tout sous le point de vue de l'économie politique et du commerce.

Ce n'est pas, qu'à la longue, ces deux objets ne pussent se concilier; et que, par des soins éclairés et persévérans, on ne pût parvenir à avoir une race qui réunirait toutes les qualités. Le célèbre Bakewell y a réussi, en Angleterre, par un choix scrupuleux des individus destinés à se reproduire : il a obtenu de belles formes, une forte race, une capacité extraordinaire de prendre la graisse dès la seconde année, une laine abondante et assez belle. Il faisait de la laine le dernier objet de ses soins, mais il avait cependant égard à la beauté des toisons (1). Je vou-

---

(1) J'ai souvent observé dans *Bibl. Brit.* que les cultivateurs Anglais, découragés par la défense d'exporter les laines brutes, ( défense qui crée un monopole en faveur des fabricans ) ne s'adonnaient point suffisamment au perfectionnement des laines. Ils sont maintenant sur la voie pour les laines des mérinos, et imitent ce qu'on a fait en France. ( Voyez le cinquième volume d'*Agriculture*, page 387. ) Mais Sir Joseph Banks, chargé par le Roi des soins de ce troupeau précieux, et à qui j'ai envoyé, par mon frère, des mèches de laine de mon troupeau de Lancy, déplorait, en admirant

drais que nous fissions avec les mérinos précisément le contraire.

J'ai dit ci-dessus que la brebis influait plus que le mâle sur la construction de l'agneau et son tempérament. Ce fait indique la convenance de choisir les brebis portières parmi les bêtes les plus fortes, et les mieux construites à tous égards, sans négliger le choix de la laine, mais sans en faire, comme pour le bélier, le premier objet d'examen. La belle brebis de race mérinos est basse sur jambes; elle a un coffre vaste, la côte ronde; elle est large d'épaules, de rable, et de

---

ces échantillons, que les Anglais ne vissent jamais dans les moutons que des animaux à engraisser et à manger : il éprouve beaucoup de difficulté à mettre ses compatriotes suffisamment en mouvement sur le mérite de ces laines superfines : c'est à nous à savoir profiter de cette indifférence, et du vice de leurs lois commerciales.

croupe, et a les jarrets bien d'aplomb. Elle doit peser de quatre-vingt à quatre-vingt-dix livres poids de marc (1).

Avec des moules choisis de cette manière, on peut n'être pas extrêmement difficile sur le degré de fin des mères, pourvu qu'on ait un belier extrafin. Les productions qui en proviendront tiendront en général du père, pour la finesse, et des mères pour les formes : je dis en général, parce qu'on ne peut pas prévoir au juste le degré d'influence de chacun, et qu'on observe de temps en temps à cet égard des irrégularités frappantes.

______

(1) J'en ai au moins quinze dans mon troupeau qui pèsent 90 livres ou davantage. J'en ai une qui pesait 95 livres et demie, le 3e. jour complémentaire an 9, pleine d'environ un mois. Sur les mille bêtes du troupeau de Perpignan, arrivées d'Espagne, il n'y avait qu'une seule brebis qui pesât 90 livres. ( V. les Annales d'Agriculture Française, VIe. cahier, Tome 6.)

Il importe infiniment à la beauté de la race de ne rien épargner pour pousser très-vîte l'accroissement des agneaux. Pour cela, il faut, comme je l'ai dit, nourrir les mères abondamment en recoupes de luzerne et de trèfle de première qualité, avec un supplément journalier d'avoine. Il convient aussi de faire sortir les mères tous les jours pendant deux ou trois heures, à moins de fortes neiges ou de temps très-pluvieux : cet intervalle augmente l'appétit des agneaux, donne le temps au lait de se reproduire, et assure la santé des mères, par l'exercice qu'il leur procure.

C'est à l'âge de cinq mois, qu'il faut sevrer les mérinos. Il convient de le faire peu-à-peu, en les séparant d'abord des mères pour la nuit seulement. Il faut que la bergerie où on les met soit assez éloignée de celle des brebis, pour qu'ils ne

puissent pas s'entendre béler réciproque-
ment , sans quoi ils se tourmentent et
maigrissent. Cette attention de les mettre
hors de la portée de s'entendre est sur-
tout très - importante lorsqu'on les sèvre
tout - à - fait. Un mois entier ne suffit
pas toujours pour qu'ils s'oublient mutuel-
lement ; et souvent au bout de ce terme
l'agneau reconnaît la mère à la voix , et
par l'odorat. Si l'on n'y prenait garde ,
dans ces cas - là , il recommencerait à la
tetter , et maigrirait en fatiguant la mère.

Pour avoir de beaux agneaux , il faut
leur donner dès l'âge de trois mois une
provende , ou ration d'avoine mêlée de
son , le matin et le soir , savoir deux poignées de son (1) et une d'avoine par jour,

---

(1) Il y a des Bergers qui prétendent que le son
donne trop de ventre aux agneaux : je n'ai point
éprouvé cela ; et s'il contribuait à leur donner une

jusqu'au sevrage , et une quantité double depuis le sevrage jusqu'à huit mois. Il faut leur ménager, pour le moment du sevrage, un pâturage à-la-fois abondant et sec; leur faire manger de très-bon foin ou de la luzerne au ratelier , toutes les fois que le pâturage n'a pas été suffisamment abondant, ou que le mauvais temps a contrarié le parcours. Il faut enfin ne rien épargner pour accélérer la croissance des agneaux, car c'est de la rapidité avec laquelle ils croissent , sans éprouver d'arrêt dans leur développement, que dépend en très-grande partie leur beauté comme animaux adultes , et leur vigueur pour toute la vie. C'est encore un inconvénient de la méthode de faire paître les agneaux aux herbes : l'automne arrive , et les pâturages faiblissent , avant qu'ils aient pu faire ce jet vigoureux qui assure leur beauté.

---

épaisseur plus considérable , il n'y aurait que de l'avantage.

« Le tournis est une maladie commune en Espagne , et dans l'établissement de Rambouillet. Elle tue les agneaux avec certitude , et n'attaque jamais les bêtes qui ont plus de deux ans. Cette maladie se reproduisait souvent à Croissy , dans les bergeries de Mr. Chanorier. Il entendit assurer à un cultivateur qu'il ne perdait jamais d'agneaux ni d'antenois du tournis , depuis qu'il ne faisait la première tonte qu'à la deuxième année : Mr. Chanorier l'essaya , et n'en perdit plus. J'ai suivi la même méthode , et n'en ai point perdu. Il faut sans doute une expérience soutenue pour prouver que ce soit là , en effet, un préservatif assuré contre le fléau du tournis ; mais n'y eût - il que l'avantage d'avoir à l'année suivante des laines longues , sans rien perdre sur le poids des deux tontes , cet avantage serait détermi- nant pour ne point tondre à la première année. Il y a encore une autre très-bonne raison de retarder la première tonte ; c'est que les agneaux sont bien préservés contre les froids précoces de l'automne, et les rigueurs de l'hiver. D'ailleurs , en tondant au mois d'août , comme c'était l'usage , on les exposait à l'inconvénient de la fraîcheur des nuits , dans leur nudité , ce qui leur est contraire : on ne pouvait y obvier qu'en les renfermant dans des bergeries , dont le séjour est malsain dans la saison chaude, à cause de la rapide fermentation du fumier.

Avec les soins que je viens de recommander , j'ai eu un plein succès dans l'éducation de mes agneaux mérinos. Les douze de ma première année , dont j'ai rendu compte , sont devenus superbes. Les antenoises sont toutes pleines , au moment où j'écris ceci ( 12 Thermidor ) et se distinguent difficilement à l'œil parmi les mères brebis. Elles m'ont donné , à la tonte, plus de neuf livres de laine par tête. Les beliers sont également devenus très-beaux. J'ai vendu à Mr. Lullin un de ces beliers, qui lui a donné treize livres cinq onces de laine poids de marc; il m'a envoyé la toison à peser. Un de ces six beliers, que j'ai gardé pour moi, est un animal d'une si grande finesse, que quoique j'aie pour objets de comparaison des échantillons des premières laines d'Espagne et des troupeaux les plus renommés de France, je ne vois rien qui le surpasse, ni même qui l'égale (1). Mes agneaux de cette année sont égale-

_____________

(1) Les connaisseurs pourront en juger : j'enverrai une mèche de sa toison à l'exposition des jours complémentaires. Ce serait, ce me semble, un concours à proposer à l'émulation : il tendrait directement à la prospérité de l'agriculture, du commerce et des fabriques; et il parait difficile d'employer un moyen plus simple pour obtenir un résultat plus avantageux.

ment très-beaux, et j'ai plusieurs agnellettes qui ressemblent à des antenoises par leur taille et leur corpulence.

J'ai quelques observations à faire concernant le logement des mérinos , qui pourront n'être pas inutiles à ceux qui veulent former un troupeau. Les conditions d'un logement convenable pour les bêtes à laine , c'est qu'il soit aëré , pas trop froid , et bien sec. Dans les pays où la température change très-brusquement , comme cela arrive dans le voisinage des montagnes , je conseillerais toujours une bergerie , de préférence à un hangar ; mais lorsque celui - ci est à l'abri des vents de nord et nord-est , il peut faire cependant un très - bon logement : il est surtout préférable à une bergerie qui ne serait pas bien aërée.

Il ne faut pas croire que les mérinos,

à raison de la fourrure épaisse qu'ils portent, ne puissent pas craindre le froid. Ils ont la peau sensiblement plus mince que les autres races ( I ) : elle est si transparente que les vaisseaux sanguins la colorent de rose, et que lorsque leur toison est abattue, la fraîcheur des nuits les incommode beaucoup. J'ai vu, quinze jours après la tonte, tout mon troupeau trembler de froid dans une matinée un peu fraîche. Si l'on n'a qu'un hangar, et qu'il vienne, après la tonte, de longues pluies froides, les brebis, déjà éprouvées par l'allaitement, souffrent et maigrissent.

---

( 1 ) Un de mes voisins avait fait venir de Rambouillet un belier mérino, qui, ayant été mal soigné, est mort de la pourriture. Le chamoiseur à qui on proposa de préparer la peau de cet animal, observa qu'il n'en avait jamais vu de si mince. Je la comparai avec celles des moutons du pays, et je la trouvai au moins d'un tiers moins épaisse : elle ne put être d'aucun usage.

Dans le bel établissement de Rambouillet, on a soin de garantir les brebis du froid; et François de Lorme, le plus habile berger de France, met de l'importance à les en préserver.

Pour que les brebis soient toujours au sec dans la bergerie, il ne suffit pas de leur donner une litière abondante et souvent renouvelée, il faut encore que cette litière repose sur une couche épaisse de sable ou de terre légère, que l'on change de temps en temps, et qui absorbe les urines et le résidu des baquets ( I ). Cette terre ou ce sable est un des engrais les

---

( 1 ) Pour que les brebis ne boivent jamais avec excès, il faut qu'elles aient toujours de l'eau dans la bergerie. On met cette eau dans des baquets. Tous les jours on doit la renouveler, et jeter le fond qui est sale; et il faut s'attendre que les bergers ne se donneront pas la peine de transporter les baquets hors de la bergerie, mais les renverseront

plus

plus actifs dont on puisse faire usage sur les prairies : on remplit ainsi tout-à-la-fois l'objet relatif à la santé des brebis, et celui de l'augmentation des engrais. Le renouvellement complet de la litière, doit se faire toutes les fois qu'on trouve la moindre odeur dans la bergerie, en y entrant le matin : jusqu'à ce moment-là, on ajoute chaque jour de la paille, pour que les brebis salissent moins leur laine, soient bien couchées, et fassent beaucoup d'engrais.

Quant à la propreté des laines, il y a encore deux attentions importantes à avoir : l'une que les rateliers soient placés verticalement, avec une planche inclinée derrière qui fasse glisser le fourrage ; l'autre

---

sur la place même. S'il n'y pas du sable ou de la terre pour absorber cette eau, il en résulte une humidité nuisible aux brebis et aux agneaux.

E

de ne jamais affourer sans avoir fait sortir les brebis dans une avant-cour, ou enclos, qui est une dépendance nécessaire d'une bergerie bien entendue. Si les rateliers sont inclinés, les brebis, en tirant le fourrage, font tomber sur leur col et sur leur garot la poussière du foin, et des semences de prés qui pénètrent jusqu'à la peau, et s'attachent tellement à cette laine fine et serrée, que le lavage le plus exact, l'épluchage, et le battage de la laine ne suffisent pas pour les détacher complettement : elles se retrouvent dans les étoffes, et en détériorent la qualité.

Si l'on ne fait pas sortir les brebis pour affourer, et qu'on apporte le foin dans la bergerie, par bottes ou par brassées, les bêtes se pressent au devant du berger ; elles l'embarrassent pour l'arrangement du fourrage dans le ratelier, et en font tomber des brins sur leur laine. Il en résulte quelquefois un inconvénient encore plus grave que celui de la saleté des laines, c'est qu'une brebis, en voulant manger les brins de foin qui restent sur le dos des autres bêtes, risque d'avaler de la laine, et de s'engober : cet accident est, à la vérité, plus rare dans la race Espagnole, dont les toisons, serrées comme de la mousse, n'offrent pas des brins qui dépassent. Cependant, quand la tonte approche, ce danger existe.

La disposition des crèches a aussi son importance. Si les crèches sont faites en forme d'auges, et que les agneaux puissent s'y tenir, ils sautent dedans, et y font leurs ordures, ce qui dégoûte les brebis, et les empêche de manger avec appétit l'avoine et le son qu'on leur donne. Cet inconvénient n'est pas le plus grand : les beliers, lorsqu'ils sont avec le troupeau, sont impatiens et brutaux au ratelier. Si un agneau se trouve dans la crèche, et en obstacle au belier qui mange, il lui donne un coup de tête qui peut l'écraser. Il faut donc que les agneaux ne puissent pas se tenir dans la crèche; et pour cela, il convient de la faire en prisme, au moyen de deux planches inclinées qui se réunissent dans le fond, à un pouce près. Enfin il ne faut pas que les agneaux puissent passer sous les crèches, parce que dans les premiers jours de leur naissance, et lorsqu'il y a un trop grand nombre d'agneaux pour que les bergers puissent faire attention à tout, ces petits animaux se glissent quelquefois sous les crèches, et ne pouvant pas ressortir, y meurent de faim.

J'ai dit que, pour affourer, il fallait faire sortir les brebis; mais comme elles se précipitent avec empressement dans la bergerie, au moment où l'on r'ouvre la porte, il faut que celle-ci soit large, et, en outre, que le berger se tienne en dehors avec un bâton qu'il met en travers, pour obliger les brebis de passer dessous, et plus lentement. Il convient encore que la battue de la porte n'offre pas un angle vif, parce que, quand les brebis sont pleines, elles peuvent se cogner avec tant de force qu'il en résulte des avortemens.

Le même danger des avortemens, à la suite des coups violens, doit engager à séparer les beliers d'avec les brebis pleines. Rien de si despotique que le belier le plus fort d'un troupeau. Il change vingt fois de place au ratelier pour faire son repas, et trouver ce qui lui convient le mieux. Si les brebis ne se rangent pas à l'instant pour le laisser manger, il les frappe ; et quoiqu'on ait soin de rogner les cornes de ces animaux, leurs coups sont quelquefois si rudes qu'ils font avorter les mères.

Sans prétendre répéter ce que l'on trouve dans tous les traités sur la conduite des brebis au pâturage et le choix de celui-ci selon les saisons de l'année, je pense qu'il sera utile de faire quelques observations sur ce point, d'après mon expérience.

On sait que la rosée, le serein, les près mouilleux, et en général les pâturages humides, sont mortels aux moutons. L'herbe mouillée de la pluie, sans leur être aussi dangereuse, ne leur convient cependant point. Pour maintenir un troupeau de brebis complettement à l'abri des premiers germes de la maladie connue sous le nom de pourriture (1), il faut

______

(1) Le premier symptôme de cette maladie est la pâleur des veines de l'œil. Lorsqu'on voit ces veines s'effacer, on peut conjecturer qu'il existe dans les canaux biliaires des vers plats, qu'on nomme limaces

ne le conduire que sur des pâturages secs , et autant qu'il est possible , dans des terrains graveleux ou sablonneux.

Je ferai observer une difficulté à laquelle on doit s'attendre , dans l'éducation des

---

ou douves , lesquels vivent de bile et décolorent le sang. Il est difficile d'expliquer comment ces animaux s'engendrent dans cette partie; mais toutes les fois qu'un mouton a pâturé quelque temps à la rosée , ou dans un terrain humide , il prend des limaces au foie , et une disposition à la graisse , qui se termine par une cachexie aqueuse. J'ai vu de très-bons effets de la racine de gentiane avec égale portion de suie, données en bols formés avec du miel, pour cette maladie, dans ses commencemens : trois bols de la grosseur d'une noisette, donnés à jeûn pendant quinze jours , suffisent ordinairement à rétablir une bête dont les veines pâlissaient. Il ne faut pas, au reste, se fier à une seule observation pour juger de la santé d'une bête à laine : le même animal a les veines plus ou moins marquées selon la nourriture qu'il a eu les jours précédens, selon la saison, et même selon qu'il fait un temps humide ou sec.

mérinos. Il faut que ces animaux soient abondamment nourris, et cependant il ne faut pas qu'ils aient des pâturages trop fournis ou trop gras : il ne faut pas qu'ils paissent à la rosée , et cependant dès qu'il fait chaud , les mouches les tourmentent et ils ne mangent plus. Il est donc nécessaire de disposer de pâturages assez vastes ( I ) , et de la qualité convenable , puis de suppléer par une nourriture suffisante, donnée à la bergerie, au déficit que peut laisser la maigreur du pâturage ou le peu de durée du parcours. Dans les trois mois les plus chauds , il m'est souvent arrivé d'être obligé de donner une affourée au milieu du jour , soit parce que les pâturages étaient brûlés , soit parce que le parcours

---

( 1 ) Il convient à la santé des brebis portières qu'elles achètent leur nourriture par beaucoup d'exercice; pour cela, il faut que les pâturages soient vastes et peu abondans.

d'environ deux heures , depuis la rosée levée jusqu'à la chaleur incommode n'avait pas suffi aux brebis. Avec un peu d'habitude , ou juge bientôt si leur ventrée est complette, ou si elles ont besoin d'un supplément. Il ne faut pas , au reste, se laisser effrayer de ce petit surcroit de dépense : ces animaux paient magnifiquement les frais qu'ils occasionnent.

Il convient que le troupeau soit logé fraîchement pendant les trois ou quatre heures les plus chaudes de la journée ; et autant qu'il est possible , il faut pouvoir exclure alors la lumière de la bergerie , sans empêcher que l'air y circule. Il y a une espèce de petite mouche qui cherche à déposer ses œufs dans le nez des brebis, et qui les inquiète et les échauffe beaucoup. Cette mouche fuit les endroits sombres, et c'est par raison que la brebis les recherche. Les bêtes à laine s'entretiennent donc mieux portantes lorsqu'on a le soin dont je parle.

Il y a un grand nombre d'autres attentions indispensables dans la conduite d'un troupeau de mérinos, mais dont je ne parle point, parce que ces attentions, également nécessaires pour tous les troupeaux d'élèves , sont indiquées dans les traités à l'usage des agriculteurs : mon intention n'est pas de répéter ce qui a été dit. Mais en réfléchissant un moment sur l'ensemble de ces soins , le lecteur se persuadera que pour entreprendre l'établissement d'un troupeau de mérinos , avec l'espoir de réussir , il faut des circonstances locales avantageuses , et un berger instruit. Ce dernier point est , peut - être , encore le plus nécessaire. Avec les meilleurs pâturages , et le logement le plus convenable , on peut perdre tout un troupeau , au bout de quelques

mois , si le berger n'est pas soigneux ,
et s'il n'a pas fait l'apprentissage de toutes
les attentions qu'il doit, avoir pour préserver les bêtes à laine du fléau de la
pourriture , et de beaucoup d'autres maladies auxquelles elles sont exposées. C'est
dont toujours par l'acquisition d'un berger
instruit qu'on doit commencer ; et il faut
tâcher d'apprendre soi-même à connaître
suffisamment les détails pour n'être jamais
dans sa dépendance , comme cela arrive
fréquemment dans les pays où l'on élève
des bêtes à laines (1).

---

(1) Le Gouvernement a fait un pas bien important vers l'amélioration des troupeaux , en rassemblant
à l'école d'Alfort des élèves bergers de chaque département ; mais c'est sous le rapport de l'instruction
vétérinaire que cet établissement a été fait ; et cette
instruction, fort utile comme complément de ce
qu'un berger doit savoir , n'a aucun rapport à la
conduite des troupeaux. Cette dernière partie, qui
est de beaucoup la plus importante , qui est indispensable même, ne peut s'apprendre qu'à Rambouil-

On voit aussi qu'il ne saurait convenir de confondre quelques brebis mérinos avec un troupeau de bêtes communes, lequel ne demande par tous les soins que j'ai détaillés. Il est arrivé souvent que les brebis de cette race précieuse, achetées par petits lots aux ventes publiques de Rambouillet, et jetées sans prévoyance et sans soin au milieu d'un troupeau nombreux de brebis ignobles, y ont langui et péri victimes de l'ignorance des cultivateurs. Les mérinos sont si admirable-

---

let, à Croissy, ou dans quelque établissement formé à l'imitation de ceux-là. Six bergers se sont déjà instruits chez moi, et conduisent maintenant des troupeaux de mérinos et de métis, dans nos environs. L'émulation commence à s'introduire entre les cultivateurs; et, graces à un encouragement que le Ministre a accordé pour tout ce qui concerne l'industrie des laines, nous pouvons espérer de voir en très-peu d'années cette industrie, si riche dans ses résultats, étendre ses bienfaits sur nos Départemens où jusqu'ici elle était completement ignorée.

ment soignés à Rambouillet , que le changement de régime leur est fatal : il l'est surtout à des brebis de cinq à huit ans qui tombent entre les mains de propriétaires négligens ou ignares , de gens qui ne se donnent pas la peine d'étudier les soins indispensables , et de surveiller ceux que leur berger donne à ces animaux intéréssans.

L'établissement d'un troupeau de race pure offre d'assez grandes difficultés. On ne doit point y songer avant d'avoir un berger instruit. Le plus petit nombre de brebis que l'on puisse avoir pour occuper un berger et former le noyau d'un troupeau , c'est 25 ou 30. Non - seulement l'achat de 25 ou 30 brebis , demande un capital considérable (1) , mais il serait

------

( 1 ) Le compte d'achat de trente bêtes , achetées à la vente publique de Rambouillet cette année,

très - difficile de trouver à en acheter tout à la fois un aussi grand nombre, parce qu'aujourd'hui qu'on ouvre les yeux sur les avantages de cette race, la concurrence est extrêmement active, dans les ventes publiques. D'ailleurs, en commençant par 25, il faut à-peu-près huit années, en supposant un plein succès, pour obtenir un troupeau de 100 brebis portières, à moins de renouveler à plusieurs reprises les sacrifices pour des achats.

Mais la spéculation qui me semble offrir aux cultivateurs bien plus d'attrait, avec moins de difficultés, c'est celle des croisemens de races. Je rendrai compte des resultats de mon expérience sur cette partie : ils sont extrêmement encourageans.

---

a monté à *sept mille et trois francs*, à quoi il faut ajouter les frais de route. Vingt-neuf bêtes d'Espagne, achetées par le Cit. Tessier, lui ont coûté *six mille francs*.

# SUITE

### DES OBSERVATIONS SUR LES MÉRINOS ET LES MÉTIS.

Nous avons vu que l'éducation des mérinos à laine superfine demande des soins éclairés et suivis, un local convenable, des pâturages étendus, et un gros capital. Lorsqu'on est placé de manière à n'être point arrêté par de telles difficultés, cette spéculation agricole est, je crois, une des plus avantageuses qu'on puisse faire ; mais ces difficultés même en bornent l'application à un petit nombre de positions plus ou moins favorisées. L'éducation des métis ne demandant ni les mêmes avances, ni des soins aussi minutieux, peut convenir à un très-grand nombre de cultivateurs. Il suffit, pour pouvoir entreprendre, avec profit, la spéculation des croisemens, d'avoir des pâturages secs en assez grande étendue pour nourrir un nombre de brebis dont les produits couvrent les frais d'un berger. Nous verrons mieux quel sera ce nombre lorsque j'aurai donné un apperçu des frais d'établissement et d'entretien d'un troupeau.

Le choix des races de brebis que l'on destine aux croisemens avec les beliers Espagnols a bien son importance ; et le choix des individus, dans la race, que l'on adopte, n'en a pas moins. J'ai essayé les croisemens avec quatre races différentes, savoir : les *règnes* ou *ragaïs* du ci-devant Dauphiné, les brebis du ci-devant Berry de la grande race,

la

la race moyenne du Pays-de-Vaud, et la race des environs de Thun, dans le canton de Berne. Je n'ai pas essayé moi-même les croisemens avec la race de nos montagnes de la ci-devant Savoie, et de la Bresse, dont la laine est extrêmement grosse et jarreuse; mais Mr. Lullin a eu des métis de cette race, que j'ai vus.

J'avais deux objets en vue, dans le choix des races et des individus que je destinais aux croisemens : l'un était d'arriver le plus promptement possible au degré de superfin, et l'autre de travailler de préférence sur des individus de couleur, afin d'obtenir ce qu'on n'a point vu encore, savoir : des toisons de diverses nuances, ayant la finesse et les qualités de la laine des mérinos ( 1 ).

---

( 1 ) On ne fait pas cas des laines de couleur en Espagne, non plus qu'en France, parce que, *pour le*

F

L'analogie m'indiquait que les races les plus fines devaient parvenir le plus promptement au degré de perfection des mérinos, quant à la laine. J'avais espéré pouvoir m'aider, dans cette recherche, des expériences comparatives commencées à la ferme nationale de Sceaux, sur les croisemens de diverses races de France ; mais ces expériences, interrompues dès la seconde génération des métis, ne pouvaient rien prouver, et présentaient même, dans leurs résultats, quelques irrégularités embarrassantes.

Je me procurai un certain nombre de brebis de la race Dauphinoise des *régues* réputées les plus fines, et connues

---

*commerce*, les laines blanches susceptibles de prendre toutes sortes de teintes, ont plus de valeur. Il en résulte que quand il naît un agneau noir ou brun, on ne le destine point à en tirer race.

dans les environs de Gap sous le nom de
*fèdes* d'Arles, Cette race, dont les brebis
portent de trois à cinq livres (en suint) d'une
laine courte, tassée et assez fine, me paraissait singulièrement propre aux croisemens,
parce que sa forme se rapproche beaucoup de
celle des bêtes d'Espagne ; mais les brebis
que je tirai de ce pays-là, dans une année
pluvieuse, apportèrent presque toutes le
germe de la pourriture, et n'ont pas
réussi. J'ai d'ailleurs éprouvé à la seconde
année, une dégénération sensible de la
laine sur ces animaux : et je me suis assuré, par mes correspondans, que le
même effet est marqué dans divers cantons
des Départemens de la Drôme et des
Hautes-Alpes ; et que le contraire, savoir, un affinement sensible des toisons,
est aussi remarqué, lorsque les moutons
des races Dauphinoises changent de pays :
la différence des vallées à la montagne opère

souvent cette métamorphose, sans sortir d'un canton.

Je n'ai point éprouvé le même effet dans les races des brebis de Suisse, ni dans celles du Berry : elles ont conservé à la seconde et à la troisième tonte, une laine toute aussi fine que celle qu'elles avaient à dos en arrivant; et s'il y avait quelque différence, il y aurait plutôt affinement. Je dis ce que j'ai observé chez moi, et je n'en conclus pas que la même chosé arrivât aux mêmes races dans d'autres endroits. Il faudrait une longue suite d'expériences très-variées, et bien faites, en divers lieux, et sur des pâturages de nature différente, pour obtenir, sur ce point, des résultats fixes, d'après lesquels on pût établir certaines règles sur ce qu'on doit espérer de telle et telle race qui change de pays. On tire peu de lumières, à cet égard, des rapports des cultivateurs. La connaissance des laines demande des observations soignées et suivies, et peu de gens sont capables d'en faire, ou de les soutenir assez long-temps. D'ailleurs, le vague des mots nuit sur cela beaucoup à l'avancement de l'art. L'expression *laine fine* laisse tant d'incertitude sur le degré de finesse, et sur les autres qualités de la laine, qu'on ne peut rien conclure des assertions des cultivateurs sur ce point : il faut voir soi-même, et avec beaucoup de soin, en comparant les échantillons, pour pouvoir choisir avec connaissance de cause, et juger de la dégénération ou du perfectionnement.

Rigoureusement parlant, il n'y a pas deux individus dans un troupeau de même race qui aient le même degré de finesse. Il faut donc comparer un individu à lui-même, c'est-à-dire, la toison d'une année avec la toison d'une autre année, pour juger s'il y a eu dégénération ou affinement ; or, il est rare que les cultivateurs gardent des échantillons d'une année à l'autre, en désignant les bêtes qui les ont portés, et les comparent aux toisons de l'année suivante. Il faut donc recevoir avec défiance les assertions que l'on entend sur les changemens subis par la laine, d'après l'influence des pâturages ( I ).

Quoiqu'il en soit de la disposition de la race de Dauphiné à éprouver des changemens dans la qualité des toisons, je ne saurais la conseiller, parce qu'elle

-------

( 1 ) En Angleterre, on est généralement persuadé que les toisons s'affinent sur les terrains secs et les pâturages maigres, et qu'elles deviennent plus grossières et plus pesantes sur les terrains gras et les pâturages abondans. J'ai déjà observé que les mérinos ne sont pas soumis à cette loi.

m'a paru sensiblement moins robuste que les Berrichones et les brebis de Suisse. Je ne le décide pas d'après celles qui sont arrivées chez moi avec le germe de la cachexie aqueuse, nommée pourriture; mais, en général, je les ai trouvées d'un entretien difficile, sujettes à être fréquemment malades; et on ne saurait mettre trop de prix à la santé dans le choix des animaux dont on veut tirer de la race. Toutes les brebis faibles et maladives m'ont fait des agneaux qui n'ont pas vécu, ou qui sont demeurés médiocres : toutes les brebis vigoureuses et bien portantes m'ont donné des agneaux forts et robustes.

Les brebis de Suisse m'ont singulièrement bien réussi à cet égard, comme sur tous les autres points. Sur cinquante-neuf brebis que j'ai tirées de deux endroits différens, je n'en ai perdu, dans l'espace de vingt-un mois, que deux seulement,

F 4

savoir ; une du tournis, et l'autre du coup de sang. Elles ont conservé la veine de l'œil aussi belle qu'il soit possible ; elles se sont très-bien entretenues, et après en avoir tiré au moins un et jusqu'à trois agneaux, je les ai revendues plus cher qu'elles ne m'avaient coûté. Les Berri-chonnes m'ont également bien réussi, et m'ont donné de beaux métis, mais la finesse des toisons de Suisse est plus grande, lorsque les bêtes sont bien choisies.

Quand on vise à obtenir des métis de couleur, on a un grand avantage à choisir en Suisse les brebis portières, parce que comme les cultivateurs font faire leur drap, et s'habillent de leur toison, ils recherchent les bêtes de couleur pour éviter le tein des laines, qui n'est pas toujours solide. Il en résulte qu'on met généralement beaucoup moins d'importance à la finesse de laines blanches, et qu'on trouve plus de bêtes

distinguées pour la finesse, parmi les brebis de couleur.

La race des montagnes des environs
de Thun est belle, fine, et robuste.
Les bêtes sont bien prises, basses sur
jambes, chargées de laine sur le toupet,
sous le ventre et jusqu'aux ongles ; mais
cette laine n'est pas tassée en proportion
de sa finesse : il y a des toisons de brebis qui vont jusqu'à cinq livres, poids
de marc, en suint ; mais la moyenne
doit être estimée à trois livres. Il y a un
fait assez remarquable relativement à cette
race, et qui semble indiquer qu'on y a
mêlé autrefois du sang Espagnol, c'est
que les paysans des montagnes nomment
*spanische*. ( Espagnoles ) les brebis qui
ont le plus de rapport aux mérinos pour
les formes et la laine : (1) or, ces paysans
ignorent qu'il existe un pays qu'on nom-

---

(1) Je tiens ce fait de Mr. Lullin qui l'a appris
dans le pays même.

me l'Espagne , et que ce pays fournisse de belles laines. Ils sont aussi dans l'usage de couper la queue très - courte à leurs moutons : usage commun en Espagne , et rare partout ailleurs. On trouve , surtout parmi les bêtes brunes , des toisons d'une finesse extraordinaire ; c'est une laine frisée et propre à la carde plutôt qu'au peigne ; mais ce en quoi elle est tout-à-fait différente de la laine d'espagne dont elle se rapproche par la finesse , c'est qu'elle est molle ou qu'elle manque de nerf. Il y a aussi des races de Suisse , et des individus dans la race de Thun , qu'il faut tondre deux fois l'année , si l'on ne veut pas que la laine se détache d'elle - même. J'ai crû d'abord que c'était un préjugé que l'avidité des colons avait fait naître , et que croyant obtenir plus de laine , ils faisaient la tonte à deux reprises ; mais j'ai été obligé moi - même de tondre en germinal et fructidor parce que la laine se détachait , quoique les bêtes fussent en bon état.

L'orqu'on commence la spéculation des croisemens , il faut tâcher de tirer les brebis d'un canton sec, dont les pâturages soient bien sains , de peur qu'elles n'apportent le germe de la pourriture : cette attention est importante. On court aussi plus de risques d'échouer si l'on débute dans une année pluvieuse , parce que dans les saisons humides , les moutons qui ne sont pas très - bien soignés ont plus de disposition à prendre la pourriture.

Comme les brēbis agnèlent , pour la plupart , pendant l'hiver , et au commencement du printemps , il faut pour perdre le moins de temps qu'il se peut , former son troupeau , entre les mois de mars et de juin ( ventose et prairial ) parce que c'est le moment de l'année où il y a le moins de brebis pleines ; et que quand on achète une brebis pleine , avec l'intention de croiser la race , on se recule

de près d'un an. Pour être plus sûr que
les brebis qu'on achète ne sont pas pleines ,
il faut, autant qu'on le peut, les choisir
nourrices de leur premier agneau , âgé
de deux à quatre mois.

Toutes les attentions et les soins que
j'ai recommandés pour les troupeaux purs ,
sont également utiles , mais d'une nécessité moins stricte , pour les troupeaux destinés aux croisemens. Les bergeries aërées
et sèches , ou les hangars bien situés , les
pâturages sains , pas trop abondans et
d'une étendue suffisante , la nourriture
d'hiver de bonne qualité et sans parcimonie , le soin d'éviter la rosée et le serein,
sont autant de choses indispensables : plus
on y ajoutera des attentions qui se rapprochent du luxe dans l'entretien de ces
animaux , mais que la race des mérinos
paie bien , savoir, l'avoine et le son aux
brebis pendant l'hiver , la provende aux

agneaux jusqu'à sept ou huit mois, plus, dis-je, on donnera de ces soins aux brebis portières, et mieux on sera assuré de la réussite. Nous verrons, par un calcul approximatif, si la spéculation des croisemens peut soutenir ces frais additionnels.

J'ai déjà observé qu'il y a à gagner en nombre d'agneaux à laisser le belier toute l'année avec les brebis. Il y a également à gagner sur le nombre des beliers nécessaires à un troupeau. Un bon belier d'Espagne peut fort bien suffire à cent brebis, lorsqu'on le laisse toute l'année avec le troupeau : s'il y avait une époque déterminée pour la monte, il ne suffirait qu'à trente ou quarante brebis ; et il faudrait trois beliers d'Espagne pour le même troupeau. Il y a encore une raison pour préférer cette méthode, c'est que lorsqu'on forme son troupeau, les brebis que l'on achète ont ordinairement été conduites de la même manière, parce que peu de cultivateurs séparent le belier : il en résulte que pour attendre la monte, il y aurait du temps à perdre, et que pour certaines brebis, on pourrait se trouver reculé d'une année.

Le choix du belier est tout aussi important lorsqu'il s'agit de croisemens, que lorsqu'on élève des animaux purs. Plus le belier est fin, vigoureux, et bien construit, plus les métis l'emportent sur les mères en finesse, en force et en beauté. Lorsqu'on commence avec des brebis déjà fines, et que le belier est extrêmement fin, les toisons des métis sont d'une beauté qui étonne (1). Le poids des toisons se

_______________

(1) J'en ai eu plusieurs qui, dès la première génération, étaient aussi fins que la plupart des bêtes d'Espagne, mais leur laine avait moins de nerf. Le poids moyen de leurs toisons peut être regardé comme double de celui des toisons des mères.

rapproche de celui des bêtes d'Espagne , si le belier lui - même a une laine extrê- mement fourrée. Enfin , lorsque l'étalon est de forte taille , vigoureux , et bien entretenu , il imprime son caractère avec plus de force sur les productions qui en naissent.

On voit combien il est essentiel au suc- cès des croisemens de ne rien épargner pour avoir un belier distingué : plus il est beau , dût - il coûter trois ou quatre fois davantage, et plus la spéculation des croi- semens est profitable. Les Anglais connais- sent si bien l'influence d'un trés-beau belier sur toutes ses productions, qu'ils font des sacrifices énormes pour se procurer un étalon distingué. Le prix de 100 guinées pour le loyer d'un belier ( c'est - à - dire, pour le faire passer trois mois avec le troupeau ) n'est point un prix rare. On a donné souvent cinq et six fois davantage pour le loyer d'un beau belier ( 1 ). Cependant, pour les fermiers Anglais, la laine est un objet secondaire ; mais un belier parfait communique à la race la plus grande partie de ses qualités ; et pour se procurer des troupeaux de belle taille, de santé robuste, d'entretien facile, et qui prennent aisément la graisse, on paie les beliers à un prix énorme.

De toutes les circonstances caractéristiques d'une race, la laine est celle sur laquelle le belier influe le plus ; par conséquent, toutes choses d'ailleurs égales, on doit moins hésiter encore à faire les

-----

( 2 ) Le 11 juin 1798, Mr. Stone de Leicestershire loua, dans moins de deux heures, six beliers pour *deux mille deux cents guinées* ; et, en outre, il se réserva que l'un de ces beliers ( loué cinq cents guinées ) couvrirait vingt brebis avant d'être remis au fermier qui le louait. On sait que Bakewell a tiré jusqu'à 1200 guinées d'un belier, dans une saison.

sacrifices

sacrifices nécessaires pour se procurer un superbe belier , lorsque la laine est le principal objet que l'on a en vue. Un cultivateur qui ne tient qu'un belier pour cent brebis peut mettre à cet animal le prix qu'il mettrait à trois beliers moins beaux , et y trouver beaucoup d'avantages. Ce belier, s'il est bien entretenu, servira trois ou quatre ans dans sa force. Les trois beliers dureraient plus long-temps, à la vérité, mais donneraient des agneaux moins beaux , et en moindre quantité ; sur un nombre d'années déterminé. Même en supposant un nombre d'agneaux égal , dans les deux cas , la beauté et la finesse qu'on obtiendra chez les agnelles métisses que l'on destine à en tirer race , sont déterminantes pour ne rien épargner dans le choix du belier qui doit les produire : c'est une base indispensable dans une amélioration bien entendue ; et lorsque nous verrons , en

France , les agriculteurs assez bien connaître leurs intérêts pour payer les beaux
beliers à un haut prix , nous aurons la
certitude que les améliorations des laines
sont en bon train , et nous ne tarderons
pas à en voir les plus heureux effets.

Dans l'état actuel des connaissances des
agriculteurs Français concernant les bêtes
à laine , et le parti à tirer des croisemens,
le prix de cinq ou six cents francs pour
un belier , paraît effrayant (1) , cependant , il m'est démontré , par mon expérience , que ce prix ne devrait nullement
arrêter ceux qui sont bien placés pour
entreprendre une amélioration de bêtes à

______________

(1) Le prix comparativement haut où se son
vendus les beliers cette année à la vente publique
de Rambouillet, donne des espérances : il s'en est
vendu un 535 francs , et plusieurs autres à des prix
qui en approchent.

laines. Je vais entrer dans quelques détails qui le prouveront.

Pendant les deux premières années j'ai eu en vue tout à-la-fois l'éducation des mérinos, et celle des métis. Pour éviter la complication, et jusqu'a la possibilité même du mélange des beliers métis avec les brebis pures, je me suis décidé, ainsi que je l'ai dit, à ne m'occuper que des animaux purs, et j'ai vendu mes métis à ceux qui s'occupent des croisemens, me réservant seulement quelques brebis croisées qui sont en expérience chez un ami. Donnant les premiers soins aux animaux précieux que j'avais sur-tout à cœur de faire réussir, j'ai traité les métis comme un objet secondaire. J'ai eu à surmonter des obstacles de divers genres dans la formation de mon troupeau pour les croisemens. Les brebis que j'ai achetées étaient presque toutes pleines, et il y en avait qui étaient trop jeunes pour prendre le bélier, ce qui m'a fait perdre près d'un an. L'année dernière a été d'abord très-humide, puis extraordinairement sèche, ce qui est fort contraire aux troupeaux. Enfin, j'ai eu à combattre les préjugés de tout ce qui m'entourait, dans un pays où l'on n'avait jamais vu de troupeaux d'élèves, et où l'on regarde le mouton comme un animal dévastateur. C'est donc avec des circonstances défavorables que j'ai travaillé, et les données communes seront plus heureuses pour ceux qui voudront essayer les croisemens. J'ai vendu cinquante et un agneaux métis à 24 fr. : et treize brebis Suisses pleines à 30 fr. : ces dernières sont estimées à 9 francs pour la mère et 21 francs pour le métis qu'elles portent. Ces soixante-quatre métis ont donc produit 1496 francs, outre les toisons de quinze d'entr'eux qui ont été tondus entre l'âge de 9 et 14 mois. Ces toisons, dont le poids a dé-

passé celui des mères , quoique les agneaux
n'eussent pas leur croissance complette ,
sont si fines que leur prix peut être es-
timé à 9 francs : c'est 135 francs à ajouter,
soit 1631 francs. Non-seulement ces soixante-quatre métis proviennent du même
belier , mais il a produit en outre , cette
année , trente - un agneaux purs. J'ai
vendu quatorze mâles à 96 francs la
pièce , et il n'a tenu qu'à moi de vendre
toutes les agnellettes à 144 francs chacune. Je n'exagère donc pas en comptant
à 96 francs les dix - sept bêtes que j'ai
gardées : c'est 2976 francs pour les purs ,
et 1631 francs pour les métis , soit pour
4607 francs d'agneaux produits par le
même belier , en moins de 18 mois ( 1 ).

---

( 1 ) Aujourd'hui , 9 vendémiaire an 10 , j'ai 80
brebis pures , pleines du même belier : il en résultera
pour au moins *huit mille francs* d'agneaux. On voit si
c'est le cas d'épargner quelques centaines de francs ,
quand il s'agit d'avoir un bon belier.

G 3

Mais pour ne pas sortir de l'hypothèse, qui est celle des croisemens, je supposerai que les trente-un agneaux purs eussent été des métis : ils auraient produit 744 francs, c'est-à-dire, que l'accroissement du troupeau aurait rendu 1375 francs.

On sait qu'à la troisième et à la quatrième année, les produits augmenteraient progressivement, à mesure que les animaux améliorés se rapprocheraient du degré de superfin, et que le poids des toisons s'accroîtrait : la supposition des deux premières années est la moins favorable.

On voit par cet apperçu de ce qu'un belier peut produire, que quelques centaines de francs de plus dans le prix de ce belier, ne doivent pas arrêter losqu'il s'agit de faire un bon choix ; car il faut se souvenir que l'amélioration de la laine sera d'autant plus frappante, et l'accroissement de taille, dans les générations

successives , d'autant plus marqué , que
le belier employé aura été plus beau.

On objectera peut - être , que le prix
de 24 francs pour les agneaux métis de
première génération , est trop haut ; mais,
à ne compter que la rente en laine ,
savoir , 9 Francs pour la première tonte ,
et 10 à 12 francs pour les tontes sui-
vantes (I) , le prix de ces animaux doit
paraître modique : cependant on sent bien
qu'une brebis métisse tient une grande
partie de son prix , de la capacité qu'elle
a de produire un agneau plus fin qu'elle ,
si on lui donne un belier pur. Si d'ailleurs j'en juge par l'empressement des
agriculteurs à se procurer de mes métis à
ce prix , quoique ce genre d'exploitation soit

---

(1) Les métis de la race Bauceronne, à la seconde
génération, ont donné cette année six livres de laine
de produit moyen. ( Voyez le Rapport des Citoyens
Tessier et Huzard , du 1 messidor an IX. ) Les
toisons ont rendu onze francs.

encore très-peu connu dans nos départemens, je ne croirai pas le prix trop haut.

Dira - t- on qu'il y a de l'engouement
et de la mode là - dedans, que quand
les mérinos seront devenus plus communs, cette race perdra de son prix,
et que la spéculation des croisemens n'of-
frira plus les mêmes avantages ? Je ne
pense pas qu'il y ait rien de vrai dans
cette supposition. On est loin d'être en-
goué de la race d'Espagne. Le préjugé a,
au contraire, résisté opiniâtrement pendant
plusieurs années, à son introduction. Les
formes de ces animaux ont déplu aux
cultivateurs, les soins que cette race
exige leur ont paru difficiles, les laines
qu'elle fournit ont été calomniées par les
fabricans, enfin, tout ce que les préven-
tions de la routine, et les vues étroites
d'un intérêt mal entendu ont pu opposer
à l'introduction des mérinos en France,

a été employé. Graces à la persévérance courageuse des commissaires de l'établissement de Rambouillet , graces à l'excellent régime de cette ferme nationale , et sur - tout à l'ascendant que la vérité prend tôt ou tard , les préjugés se dissipent aujourd'hui ; d'année en année , l'empressement à se procurer des mérinos augmente , le prix des laines superfines s'accroit (I) , et l'on peut conjecturer que

---

(1) Au prix où les laines se sont vendues à Rambouillet cette année, en suint, elles reviennent à sept livres dix sols la livre poids de marc, dégraissées à fond. A ce taux, les bêtes de Rambouillet ont rendu pour vingt-quatre livres six sols de laine par tête. Quant aux animaux eux-mêmes, leur prix s'est prodigieusement accru depuis l'année dernière : ces prix sont, pour les brebis, dans le rapport de trois à un; et pour les beliers, dans le rapport de quatre à un, avec l'année dernière. Dans les années précédentes, les brebis se vendaient plus cher que les beliers : l'augmentation relative du prix de ceuxci, prouve que les spéculations sur les métis se multiplient.

nous sommes encore éloignés du maximum de faveur que ces animaux précieux doivent naturellement prendre dans l'opinion.

Quant à l'objection que lorsque tout le monde en aura, leur prix baissera et qu'on ne saura que faire des laines, je ne m'y arrête que parce qu'on me l'a faite souvent, et qu'il faut bien s'accoutumer à répondre à des objections de toutes sortes, lorsqu'on se mêle d'agriculture. L'heureux changement de nos races communes en une race améliorée au degré de superfin, s'opérera, je le crois, pour toutes les parties de la France qui comportent l'éducation des troupeaux; mais ce ne sera ni la génération actuelle, ni peut-être la génération suivante, qui verra cette révolution dans l'agriculture et les ressources du commerce national. Quant à la demande des laines fines et superfines , elle est assurée pour long-temps ; et on s'en convaincra si l'on observe la marche de l'industrie dans le pays le plus manufacturier de l'Europe. Nous avons fait connaître la progression du travail des fabriques de lainage en Angleterre depuis un demi siècle (1). On a vû quel accroissement prodigieux elles ont pris depuis quelques années , combien la demande des laines est active , combien sont générales les plaintes sur la difficulté de se procurer en quantité suffisante , les laines superfines , indispensables à la fabrication des beaux draps. En France , malgré les entraves du commerce tant que la guerre se prolonge , nous voyons une marche analogue dans le progrès de l'industrie du lainage , et dans la demande des laines superfines. La

_______________

(1) Voyez le seizième volume de la division *Littérature* de la *Bibliothèque Britannique* , p. 35 et suiv.

laine d'Espagne de première qualité , qui se vendait cinq francs la livre lavée , il y a trois ans , se vend aujourd'hui moitié en sus.

Comment se fait - il , dira - t - on , qu'à mesure que les bêtes de race pure se multiplient , leur laine devienne plus chère ? Il me paraît qu'il y a deux causes générales qui , entre plusieurs autres qui sont locales ou moins efficaces , suffisent à rendre compte de ce fait ; l'une est la population rapidement croissante des Etats-Unis d'Amérique , qui produit une consommation d'année en année plus considérable , et une demande proportionnée des draps Anglais , dont les draps Américains n'approchent pas pour la qualité , outre que les fabriques de draperies sont encore rares dans les Etats - Unis relativement à la consommation. L'autre cause générale de l'augmentation du prix des laines fines , c'est que les habitudes d'aisance se sont répandues dans la masse du peuple de notre continent , et sur-tout en France. Il en résulte que tel qui portait un habit de bure, porte aujourd'hui un habit de drap ; et que celui qui se contentait d'un drap de douze francs, veut se vêtir d'un drap fin , dans la fabrication duquel la laine d'Espagne entre en plus ou moins grande quantité.

Ces causes , dont l'effet est plus rapidement progressif que ne peut l'être l'augmentation du nombre des animaux purs, assurent pour long-temps une demande croissante de la matière première qu'ils fournissent : il y a de quoi rassurer pleinement ceux qui seraient disposés à s'inquiéter de ne pas pouvoir vendre leurs laines (1).

---

(1) Il y a encore une observation à faire, qui tend à persuader que, pendant un grand nombre

Je trouve dans un ouvrage récent de Lord Somerville , sur divers sujets d'agriculture , des raisonnemens et des faits

---

d'année , la demande des laines superfines d'Espagne ira en croissant dans une proportion plus rapide que la multiplication des animaux en France, c'est que, chez une nation industrieuse, une si belle matière première fera imaginer de nouveaux moyens de l'employer. J'en donnerai un exemple. J'ai eu , il y a deux ans, l'idée d'employer la laine des mérinos à faire des schalles qui pussent imiter la légèreté, et le moëlleux des schalles des Indes, et l'emporter à tous égards sur les schalles Anglais. Quoique çette industrie soit toute récente , et n'occupe encore qu'un petit nombre de métiers, ses produits approchent de la perfection, et sont déjà fort recherchés. Les plus grands schalles ne pèsent que sept à huit onces, peuvent tenir dans la main, ne font que de beaux plis , sont demi-transparens , drappent comme un linge mouillé, sont d'un blanc parfait, et très-chauds. Toutes les qualités qu'on peut demander pour l'usage, et pour faire valoir les belles formes, ces schalles les réunissent. Il n'est pas difficile de prévoir qu'ils feront mettre au rebut les schalles Anglais qui nous paroissaient très-beaux avant ceux-ci, mais qui sont roides, secs, lourds, à côté des schalles

[ III ]

concernant les mérinos et les métis de sang Espagnol , qu'il peut être utile de rapprocher de ceux que j'ai déjà présentés. ( I ).

---

mérinos. Dans cette industrie , qui occupe beaucoup de mains , puisqu'une fileuse ne peut guère filer qu'une demi-once par jour, la multiplication de la valeur de la matière première est de douze à quinze fois. Cette valeur, créée par le travail, se divise entre les divers ouvriers qui travaillent aux préparations de la laine, les fileuses, le fabricant, et le marchand, c'est-à-dire, de la manière la plus utile. La laine fournie annuellement par un troupeau de mérinos de cent brebis se convertit en un capital de plus de vingt mille francs. Ce même troupeau se double tous les ans , et fertilise les terres sur lesquelles il vit. Il est difficile d'imaginer un genre d'industrie dans lequel les avantages du commerce et de l'agriculture , les intérêts du public et du cultivateur, se trouvent plus heureusement réunis.

( 1 ) Lord Somerville, l'un des seize Pairs d'Ecosse, et qui a succédé à Sir John Sinclair dans la présidence du Bureau d'Agriculture, est un des cultivateurs les plus éclairés de l'Angleterre, et qui a fait les plus nobles sacrifices à cet art. Il est

« Toutes les races de brebis de l'Angle-terre ( dit-il p. 67 ) peuvent être rangées en deux classes : celles qui portent de la laine à carder , et celles qui portent de la laine à peigner. La qualité de la chair dans chacune de ces deux classes , a de l'analogie avec celle de la laine , c'est-à-dire , que les moutons qui portent de la laine courte ont une chair d'un grain serré , pesante , d'un goût exquis ; et les bêtes à laine longue ont une viande plus lâche , moins pesante et moins estimée : c'est ce qu'on appelle du *mouton de fabricant* , et que l'on sale pour les vaisseaux.

„ Tous ceux qui se sont donnés la peine d'examiner l'Angleterre sous le rapport de

---

l'inventeur de la célèbre charrue à deux socs , et passe pour un des plus habiles connaisseurs en bestiaux.

l'entretien

l'entretien des bêtes à laine , conviendront que la moitié de nos pâturages au moins , convient à la classe des moutons à laine courte ; et l'expérience nous apprend aujourd'hui que notre climat , depuis les parties les plus septentrionales de l'Ecosse , jusqu'aux plus méridionales de l'Angleterre , peut produire de la laine superfine ( I ). Mais malgré l'importance majeure des laines courtes pour la prospérité de notre commerce , quoique nos pâturages soient singulièrement propres à ce genre de laines ; tous nos fermiers et nos éleveurs sont exclusivement occupés , depuis trente ans , à perfectionner les grosses races à longues laines , de Lincoln , de Cotswold , de

---

( 1 ) C'est que le climat ni le pâturage ne font rien sur la qualité de la laine d'Espagne , pourvu que la nourriture soit abondante et saine. Il faut se souvenir que le plus beau troupeau Espagnol qui existe probablement , celui de Rambouillet, vit sur un terrain froid.

H

Romney et de Leicester : sur-tout la dernière.

„ On a porté la perfection des formes de ces animaux à un tel degré qne rien n'est plus admirable : il semble qu'on ait commencé par modeler un animal parfait de tous points, et qu'ensuite on lui ait donné la vie. L'art d'engraisser a été en même temps, porté à un degré extraordinaire. On a créé des mots qui étaient inconnus il y a quelques années, et qui sont aujourd'hui généralement admis : tels que le *flanc de devant*, ( fore flank ) le *coussin* ( cushion ) etc.

« En louant ceux qui ont si bien réussi à perfectionner ces races sous le rapport de l'engrais, je ne ferais que suivre mon inclination ; je serais sûr d'être écouté avec plaisir d'un plus grand nombre de gens ; mais au risque de contrarier quelques in-

térêts particuliers , je sens qu'il est de
mon devoir de dire la vérité , et de rappeler
à l'attention des agriculteurs un sujet de
la plus haute importance pour la prospérité
nationale. „

« Dans l'adresse que j'ai faite au Départetement d'Agriculture (1), mon principal
objet a été de faire souvenir les cultivateurs qu'ils ne devaient jamais viser à établir
une race quelconque dans un canton dont
les terres et la température ne lui étaient
pas propres ; que dans leurs efforts pour
améliorer les races , sous le rapport
de la faculté de s'engraisser aisément , ils
ne doivent pas oublier que la toison fait
une partie importante des bêtes à laines ;
que , quoiqu'on en dit, l'amélioration sur

_______________

(1) Voyez cette adresse dans le quatrième volume
de la partie *Agriculture* de la *Bibliothèque Britannique.*

un des deux articles n'excluait pas l'amélioration sur l'autre ; et que la race de
brebis qui, sur une étendue fixée de
terrain, donnait à la longue la plus grande
quantité de viande et de laine (1), l'un
et l'autre de la première qualité, que
cette race, dis-je, devait être préférée,
quelle que fût son origine et ses caractères. Si j'avais dit autre chose, on aurait
pû m'accuser de prévention. Cependant,
ce que j'ai dit n'a pas été bien accueilli :
le préjugé en faveur des races pesantes à
laine longue, était trop général et trop
enraciné, et il y a bien des fermiers qui
n'ont pas voulu être détrompés. Voyons
comment se sont conduits les fabricans. »

« Plusieurs d'entre les grands manufactu-

---

(1) Ne serait-il pas plus sûr de dire *le plus grand
profit*, en combinant le rapport en viande avec le
rapport en laine ?

riers de draps fins ont imaginé, sans que
je sache concevoir pourquoi, que l'introduction dans nos fabriques des laines
d'Espagne naturalisées en Angleterre, leur
serait nuisible ; ils ont oublié qu'ils étaient
membres d'une communauté dont il était
de leur devoir de favoriser la prospérité ;
et ils se sont donné une peine infinie
pour égarer l'opinion de ceux qui, sans
être ni agriculteurs ni commerçans , auraient pû encourager la consommation
des draps manufacturés avec nos laines
naturalisées , et donner ainsi une première impulsion avantageuse à cette industrie. Il n'est pas impossible qu'on ait
fabriqué à dessein d'une manière imparfaite, certains draps , qui ont été envoyés
ensuite sur le marché de Londres : on
ne peut s'empêcher de le croire , quand
on compare la fabrication de ces draps
avec celle d'autres draps fabriqués , il y

à déjà quelque temps, avec la même matière première. „

„ On se perd en conjectures lorsqu'on cherche à expliquer pourquoi nos fabricans se sont montrés tellement opposés à l'introduction d'une industrie si productive et si heureuse pour la nation. Quand ils seraient payés par nos ennemis, ils ne se conduiraient pas autrement. On retient à peine l'expression de l'indignation que font naître de telles manœuvres : je me contente de remarquer que ces gens-là se sont engraissés des faveurs du Gouvernement; et que quand celui-ci s'occupe de mesures salutaires , ils sont les premiers à y mettre toutes sortes d'oppositions : c'est ordinairement ainsi que les choses se passent. „

„ Je dois, au reste, faire des distinctions. Il y a des fabricans qui se sont montrés des citoyens utiles et respectables, et qui se sont conduits avec noblesse. Quant à ceux que j'ai désignés ci-dessus, je dois leur rappeler qu'il y a beaucoup de fabricans qui ont autant de connaissances qu'eux, plus de bonne volonté, et à qui il ne manque que des fonds pour les supplanter eux-mêmes dans la fabrication des draps. „

„ On a voulu tirer parti, contre la doctrine que je prêchais, de ce que je n'avais pu donner d'abord toutes les informations que je voulais fonder sur des faits. On a profité de mon absence de l'Angleterre pour blâmer ce que je recommandais; et chacun faisait ses suppositions sur un voyage dont j'avais laissé le but secret pour en assurer la réussite. C'est une chose difficile en tout temps, que de tirer d'Espagne des troupeaux choisis ; mais cela est beaucoup plus difficile encore en temps de guerre. Il fallait, non seulement obte-

H 4

nir le troupeau, mais savoir très-exactement de quelle manière on devait le conduire. J'ai eu le bonheur de réussir complettement sous ces deux rapports. Mon troupeau a été choisi sur des mérinos transumans d'une qualité très-supérieure. Les douze beliers ont été pris comme les plus beaux, sur un troupeau de deux cent ; car, en général, excepté le *manso* ou porte-cloche du troupeau, on laisse tous les mâles entiers, parce qu'on prétend qu'ils portent plus de laine que les moutons. Les brebis et les agneaux ont été choisis dans des troupeaux nombreux. Le voyage que fit ce troupeau, à la fin de mars, avant de s'embarquer, le mit à portée d'être examiné par les bergers de vingt-deux troupeaux différens, et tous exprimèrent leur admiration pour l'extrême beauté des animaux qui le composaient. „

„ Je me défends de rien affirmer sur la

disposition de cette race à prendre la graisse, non plus que sur la faculté qu'elle a de donner beaucoup de viande et de laine sur une étendue médiocre de pâturages : les faits diront plus sur ces deux points importans que ne pourraient faire toutes mes assertions. C'est assurément une race vigoureuse que celle qui, de génération en génération depuis plusieurs siècles, fait deux fois l'année, d'immenses et rapides voyages, sans rien perdre de ses qualités : cela est sur - tout remarquable si l'on refléchit que le premier de ses voyages commence quand les agneaux n'ont encore que quatre mois tout au plus (1).

----

(1) J'ai tiré, à trois reprises différentes', des troupeaux de Rambouillet, ils ont voyagé dans les grandes chaleurs, pendant de longues pluies, et aussi pendant un temps très - froid. Je n'ai jamais perdu une bête, et toutes sont toujours arrivées dans le meilleur état possible, en faisant de cinq à huit lieues par jour.

Je soutiens qu'il n'y a guères de race dans notre pays qui pût supporter une telle épreuve sans s'abâtardir , soit dans ses formes, soit dans sa faculté de prendre la graisse , car on peut dire que ce qui nuit à l'une des deux choses nuit à l'autre. „

„ Je dirai, en général, que d'après la réputation qu'ont les mérinos d'être mal construits pour prendre la graisse, je m'attendais à les trouver beaucoup plus défectueux sur ce point , qu'ils ne le sont en effet. Il ne faut, au reste, pas s'étonner si les Espagnols mettent peu de prix à la meilleure construction sous ce rapport. Les formes les plus favorables à l'engrais, et qu'on pourrait obtenir par des soins soutenus, n'auraient jamais , en Espagne, une importance le moins du monde comparable à celle des toisons. Mais un éleveur qui travaillerait avec attention et jugement, arriverait à des formes parfaites sans faire aucun tort à la beauté des toisons. „

„ Les mérinos ont deux caractères qui ne sont pas communs dans nos races d'Angleterre : le premier, c'est que les mâles ont des cornes et que les femelles n'en ont point ( I ). Il paraîtrait delà qu'on pourrait améliorer les toisons de nos races cornues, par le mélange du sang Espagnol, sans que le caractère des cornes, auxquels les fermiers tiennent , en fût altéré ; car il faut observer que généralement parlant, lorsqu'on croise des femelles cornues avec des mâles sans cornes, ce sont les femelles qui en proviennent qui sont sans cornes, tandis que les agneaux mâles sont cornues. Il est possible , au

---

( 1 ) Cela est vrai en général ; mais on voit dans cette race des mâles sans cornes, et des femelles qui en ont.

reste, qu'il n'en soit pas ainsi dans toutes les races, mais je l'ai éprouvé en croisant des beliers de Leicester, avec des brebis de Dorset, de même qu'en croisant ces dernières brebis avec des beliers de Bampton : j'avais précisément en vue de constater ce fait.

„ L'effet d'un belier Espagnol sur toutes les races cornues avec lesquelles on le croisera, telles que les Dorset, les Wiltshire, les Norfolk, les Dartmoor, etc., sera une augmentation considérable dans le profit des toisons, sans que les métis perdent rien en qualités relatives à l'engrais. Et quand nous réfléchissons que la toison est la rente annuelle, tandis que le corps de l'animal est le principal, et ne peut être vendu qu'une fois, nous ne savons si l'on doit s'étonner ou regretter davantage de voir l'inconcevable indifférence des propriétaires et des fermiers sur ce point important.

„ Un autre caractère marqué de la race des mérinos, c'est un fanon plus ou moins grand : ce caractère est réputé mauvais en Angleterre, et regardé, au contraire, comme un avantage en Espagne. Nous pouvons avoir raison sur ce point, et les Espagnols aussi. Je ne connais qu'une seule race en Angleterre chez laquelle le fanon ne soit pas un mauvais signe dans l'individu, c'est la race de Ryeland. Cette race porte, ainsi que la race Espagnole, des toisons d'un si grand prix, que le fanon ne la fait pas rebuter par les fermiers ; la peau des Ryelands est couleur de rose comme celle des Espagnols ; et je regarde ce caractère comme d'une grande importance, parce qu'il annonce à-la-fois la vigueur et la disposition à s'engraisser. Les bergers Espagnols, font un cas infini de cette couleur rose de la peau : ils la regardent comme un signe certain d'une santé robuste, et une indication que la toison sera abondante. Cette couleur de la peau est avantageuse pour tous les individus et pour toutes les races ; et comme elle indique invariablement une disposition à prendre facilement la graisse, elle doit faire passer tous les bons juges sur des formes qui ne seraient pas réputées les meilleures. „

„ Il y avait un point sur lequel j'avais conservé du doute ; c'était sur la substance dont les bergers Espagnols se servent pour frotter la toison de leurs moutons. Don Juan Bowles dit que, dans le mois de septembre, les bergers frottent les toisons de leurs moutons avec de l'ochre pour empêcher que le suint ne gâte la laine par son âcreté, ainsi que pour protéger l'animal contre le froid et la pluie : on regarde, dit-il, cette pratique comme avantageuse à la laine. Je n'avais pas pu éclaircir si, en effet, les bergers mêlaient encore aujourd'hui quelque substance terreuse, ou autre, à la toison; mais lorsque je reçus des échantillons de laines grasses venant d'Espagne, je priai le Dr. Garnett de les analyser. Il trouva que sur 46 grains de laine, il y avait 9 grains d'une matière argileuse, singulièrement semblable à de la terre à foulon, et ne contenant point de fer. Le simple lavage à l'eau froide séparait cette substance, et la laine ne paraissait pas si grasse que nos laines ordinaires ( I ).

„ Sous les autres rapports, cette race ressemble assez à quelques-unes de nos races Anglaises. Les beliers ont quelque

---

( I ) Il ne paraît point que cette opération sur les toisons qui se fait dans quelques troupeaux, soit d'aucun avantage à la laine, puisqu'en France où on ne la fait pas, les laines ont également une qualité supérieure : c'est probablement une rubrique pour ajouter au poids des toisons.

chose du buffle dans leur physionomie.
Ils peuvent peser dix - sept livres le quartier, lorsqu'ils sont passablement gras. Les
brebis ne sont pas basses sur jambes (1),
ont les os petits, et peuvent peser onze
livres le quartier, au moins. On nous dit
que cette race est sortie d'Angleterre au
commencement du quatorzième siècle : il
serait bien temps qu'elle y revînt (2).

„ Voici comment le *New famers Ca-*

---

(1) C'est selon les races. La race de Croissy est
haute sur jambes. Parmi les brebis arrivées d'Espagne
et distribuées cette année dans les Départemens, il
y en a qui sont hautes sur jambes, et d'autres qui
sont basses, parce qu'elles ont été prises dans divers
troupeaux. Les brebis que j'ai tirées de Rambouillet cette année, sont très - basses sur jambes et
pèsent environ 90 livres poids de marc. La dernière
fois que j'ai pesé mon plus gros belier, il pesait
118 livres.

(2) Il paraît bien prouvé aujourd'hui que les mérinos sont originaires d'Afrique.

*lendar,*

*lendar*, qui vient de paraître, s'exprime en parlant des laines :

" Pour nous rendre indépendans des
„ étrangers, il faut augmenter la quan-
„ tité de nos laines nationales , mais
„ sur - tout des laines fines. Il est très-
„ important pour la nation, d'obtenir, le
„ plus promptement possible, des trou-
„ peaux bien choisis de la race d'Espagne.
„ Il y a des faits récens qui sont très-
„ encourageans sous ce rapport. Le Ci-
„ toyen Lasteyrie, dans une lettre adressée
„ à la Société Philomatique, en France,
„ confirme pleinement l'opinion du Dr.
„ Anderson. Les brebis Espagnoles, por-
„ tant la plus belle laine, vivent et pros-
„ pèrent dans les terrains les plus maré-
„ cageux, et dans les climats les plus
„ rudes : en Hollande et en Suède , on
„ a vu les laines de cette race se conserver
„ sans altération quelconque jusqu'à la
„ quatrième génération. Il y a des indi-

„ vidus de cette race qui sont très-gros,
„ et qui portent des toisons superfines „.

„ Je pourrais ajouter beaucoup de
choses à l'appui de ceci; mais je repugne
aux assertions spéculatives, et j'aime beaucoup mieux donner des faits constatés par
d'autres. Je ne suis pas fâché, je l'avoue,
d'une occasion de tirer parti, pour nous,
de la pratique de nos voisins les Français :
il y a beaucoup de gens, en Angleterre,
qui sont sourds à ce que leur disent leurs
amis, et qui écouteront les leçons de
leurs ennemis.

*Fas est ab hoste doceri.*

„ Je trouve, dans une gazette Portu-
gaise, un article de Gènes, du 19 décembre dernier, qui mérite attention :
le voici.

« Plusieurs bons ouvrages récemment

„ publiés en France, nous démontrent
„ l'importance des améliorations dont on
„ s'occupe dans ce pays-là sur les laines,
„ et nous prouvent, en même temps,
„ que cette branche d'économie rurale,
„ bien cultivée, peut devenir une grande
„ partie de la richesse nationale chez nos
„ voisins. Le gouvernement Français a
„ profité de la paix avec l'Espagne pour
„ obtenir de ce pays-là un grand nombre
„ de brebis de la race des transhumans,
„ afin de multiplier ces animaux précieux
„ dans toute la République. Les préjugés
„ des cultivateurs Français pourront, ce-
„ pendant, retarder les bons effets de cette
„ mesure. La Société d'Agriculture de
„ Paris possède, entr'autres observations sur
„ cet objet, deux lettres du Citoyen
„ Lasteyrie, un de ses Membres, qui
„ voyage actuellement dans le nord de
„ l'Europe, pour rassembler des connais-
„ sances sur les pratiques utiles encore

„ inconnues en France. Il dit, dans sa
„ première lettre , qu'il a vu , près de
„ Leyde et de Harlem, la race superfine
„ d'Espagne, prospérer malgré l'humidité
„ du climat. Il a vu les animaux de la
„ quatrième génération porter des laines
„ aussi fines que les mérinos les donnent
„ en Espagne, quoiqu'en apparence, le
„ sol et le climat dussent être contraires
„ à ces animaux „. Dans sa seconde lettre,
il dit : " Qu'il a observé les mêmes ré-
„ sultats dans les parties les plus septen-
„ trionales de la Suède et du Danemarck,
„ où cette race a été transportée depuis
„ long-temps. Le Gouvernement de Da-
„ nemarck, ayant fait venir, deux ans
„ auparavant , trois cents brebis Espa-
„ gnoles, de la race des mérinos, il n'en
„ était mort qu'une seule quand le voya-
„ geur les vit, malgré le froid rigoureux
„ de l'hiver précédent, et l'année pluvieuse
„ qui avait succédé „.

« Voilà la confirmation de ce que dit le *New farmers Calandar*, et ce qui est donné par des gens totalement étrangers aux succès de pareilles tentatives. Il paraît donc que tandis que les Suédois, les Danois, les Allemands, les Hollandais, les Français, s'occupent avec activité des moyens de s'approprier les avantages de la race Espagnole, nous qui y sommes le plus intéressés, nous avons complétement négligé cet important objet. Il n'y a qu'une illustre exception à cette indifférence (1).

« Ceci vaut la peine d'être examiné par ceux qui ont lu la préface du dernier volume des Mémoires de la Société de

______

(1) L'auteur fait sans doute allusion à la tentative faite par le Roi d'Angleterre, et qui a obtenu un plein succès : j'en ai rendu compte dans le Ve. vol. d'Agriculture de la *Bibl. Brit.* pag. 387 et suiv.

Bath. Il y est question de ces fabricans à courte vue dont j'ai parlé ci - dessus , de ces gens qui oublient qu'on peut nous empêcher complétement de tirer d'Espagne aucune laine. Nous apprenons déjà qu'un droit nouveau de 27 pour cent , a été mis sur les laines exportées d'Espagne pour l'Angleterre par le Portugal. Tout avantageux que ce droit puisse être à ceux qui font croître en Angleterre de la laine d'Espagne superfine , c'est un grand mal pour nos fabriques qu'un droit pareil ; mais il faut convenir cependant qu'il en résultera plus d'émulation pour l'amélioration de nos troupeaux. Dans l'état actuel des choses, il est bien prouvé que nous pouvons obtenir des moutons Espagnols transportés dans les provinces du sud et de l'est de l'Angleterre, des laines égales en tout aux plus belles d'Espagne.

( Lord Somerville donne ici le résultat des expériences faites à Oatlands, par ordre du Roi, sur un troupeau Espagnol : on peut en voir le détail dans la V$_e$. vol. de la *Bibliothéque Britannique*. )

« Si d'autres faits encore étaient nécessaires à l'appui de tous ceux que j'ai rapportés ci - dessus, je dirais que le vaisseau de guerre le Chameau, qui vient d'arriver du Cap de Bonne - Espérance, m'a apporté des laines Espagnoles de troupeaux naturalisés au Cap depuis dix-huit ans. Elles m'ont été envoyées par un homme qui se connaît parfaitement en ce genre : voici ce qu'il m'écrit. „

« Mr. Van Reenen a mille brebis,
„ dont 400 sont de race pure d'Espagne,
„ apportées au Cap, il y a dix-huit ans,
„ depuis la Hollande, où elles avaient
„ été envoyées de l'Estramadoure, par le

„ Roi d'Espagne. Un mouton Espagnol
„ pèse de soixante à quatre - vingt livres.
„ La laine a plutôt gagné que perdu en
„ finesse, dans la Colonie du Cap. „

„ Ce sujet est d'un intérêt infini pour
la prospérité de l'Ecosse. Il n'y a aucune
partie des trois Royaumes qui pût augmenter aussi considérablement sa richesse,
par l'introduction de la race Espagnole.
Des affaires multipliées, et un accident
qui a nui à ma santé pour long - temps,
m'ont empêché jusqu'ici de suivre au projet
que j'avais de parcourir l'Ecosse. Occupé
d'agriculture depuis un grand nombre d'années, j'ai sur-tout étudié avec beaucoup
de soin les diverses races de gros bétail
et de bêtes à laine. Mon intention était
d'examiner le climat, le sol, les productions et les marchés de l'Ecosse, avec tout
le soin dont je suis capable, pour recommander ensuite aux propriétaires l'a-

doption des races les plus propres à chaque canton. Je continue à croire que dans les terrains assez substantiels pour nourrir les grosses races à longue laine, et dans les endroits où le marché des viandes est d'ailleurs avantageux, il convient de préférer ces espèces.

„ Lorque, l'année dernière, la Société de Bath envoya un Comité pour examiner mon troupeau, il fit le rapport suivant : " Les beliers et les brebis d'Es- " pagne que Lord Somerville a tirés de „ ce pays - là ont été rassemblés avec „ beaucoup de difficulté, de peine et de „ dépense. Leur laine paraît être d'une „ extrême beauté. Il croise des brebis de „ Ryeland et de Southdown avec des „ beliers Espagnols. „ -- Les brebis dont il est ici question ont été choisies avec beaucoup de soin, soit en Herefordshire, soit en Sussex : leurs productions ne tarderont pas à faire connaître les avantages et les inconvéniens de cette entreprise. Jusqu'ici mon intention n'est que de pousser les croisemens assez loin pour donner aux métis autant de finesse dans les toisons et de rose sur la peau, qu'ils en pourront supporter, sans que les formes et le caractère des mères de chacune des deux races soient altérés (1). D'autres feront fort bien de pousser les croisemens aussi loin qu'ils le pourront pour se rapprocher du sang Espagnol. En général, on a bien accueilli mon troupeau d'Espagne, et on m'a fait diverses offres pour avoir des beliers; mais lorsqu'il s'agit de surmonter un préjugé bien enraciné, on ne saurait cheminer avec trop de précautions. J'ai

_______________

( 1 ) D'après mon expérience, je crois cela très-praticable : tous mes métis ont tenu du père pour la peau et la laine, et de la mère pour les formes : cela est plus ou moins marqué selon les individus, mais sensible chez tous.

maintenant des métis antenois qui ressemblent singuliérement à leurs mères, les brebis de Ryeland. Excepté un seul, tous les métis mâles sont sans cornes : le seul qui en ait n'a que des cornettes, et elles disparaîtraient probablement à la génération suivante. Le fermier Ridgeway a fait la même observation que moi : il a le plus beau troupeau du Herefordshire pour la laine : ce sont des métis provenant d'un belier Espagnol et de brebis de Ryeland. On pourra juger par les détails suivans si ces métis ont souffert dans leur corpulence et dans leur faculté de prendre la graisse, par l'alliance d'un belier Espagnol avec le sang de Ryeland : c'est Mr. Ridgeway qui m'a communiqué lui-même ces détails. En 1798, il fit tuer un métis de trois ans qui lui donna.

| | | | |
|---|---|---|---|
| 8 livres de laine, qui se vendirent. L. st. | 1. | 4. | 3 |
| 86 livres de viande. . . . . . . | 3. | 15. | — |
| 16 livres de graisse . . . . . . . | — | 14. | — |
| L. st. | 5. | 13. | 3 |

„ En 1800, il fut tué un métis de trois ans, qui lui donna,

| | |
|---|---|
| 7 ⅓ livres de laine. . . . . . L. st. 1. 2. 6 |
| 80  livres de viande. . . . . . . 3. 10. — |
| 14  livres de graisse . . . . . . — 13. 2 |

L. st. 5. 5. 8

„ Ces moutons étaient d'une belle construction, trapus, carrés, et bas sur jambes ( 1 ).

---

(1) J'ai donné dans le IIIe. vol. d'Agriculture de la *Bibl. Brit.* pag. 355 et suiv. des détails sur la race de Ryeland : on peut les consulter. Je rappelle seulement que cette race est petite, qu'elle porte la laine la plus fine, la plus courte et la plus rare de toutes les races Anglaises ( celle de Shetland exceptée) que la chair de ses moutons est délicieuse, et qu'on ne les parque point. Le poids moyen des toisons de Ryeland est deux livres, lavées à-dos. Le prix moyen de la livre est un shel. 9 pences : c'est donc 3 shel. 6 pences pour le prix moyen de la toison ( 4 livres 4 sols de France. ) — Voilà des

„ Deux beliers métis antenois, provenans de brebis de Southdown, que j'ai, semblent confirmer pleinement les faits ci-dessus. Ils ne tiennent de l'Espagnol que par la qualité de la laine, et parce qu'ils sont garnis sous le ventre, et aux jambes de derrière jusqu'aux ongles : ils ont aussi la peau d'un beau rose. La grosseur extraordinaire qu'ils ont déjà atteinte, me prouve qu'il n'y a aucune race qui se nourrisse et s'engraisse plus facilement que cette race croisée.

---

moutons nés des brebis de cette race, mais qui, par *l'influence d'un belier Espagnol*, donnent 8 livres de laine lavée à-dos, et cette laine se vend 3 shel. la livre : ces métis donnent donc pour 28 liv. 16 sols de Fr. de laine, au lieu de 4 liv. 4 sols que donnent les moutons de Ryeland. Ce n'est pas tout : le quartier de ces métis pése 22 livres au lieu de 14, qui est le poids moyen des Ryelands. On peut juger par-là si j'ai exagéré le prix des métis provenant d'une race de Suisse, qui a de grands rapports à celle de Ryeland.

„ En 1798, la Société Ecossoise des laines vendit ses troupeaux. Le Lord Chief Baron, membre de la Société, acheta les Espagnols et les métis provenans de brebis de Southdown. Il les établit dans une ferme de Tweedale, extrêmement élevée, et exposée aux vents du nord. En comparant les toisons de l'année de l'achat avec celles de cette année, il a trouvé une amélioration infiniment plus marquée qu'il ne s'y était attendu : les antenois paraissent aussi fins que les beliers Espagnols employés au commencement de l'amélioration, lesquels étaient de la plus belle race possible. Un fabricant de schalles d'Edimbourg, à qui on a montré de cette laine de métis, a dit qu'elle était comparable à la plus belle laine d'Espagne qu'il eut jamais vue „.

---

Après avoir rendu compte des faits que mon expérience m'a fait connaître sur la race d'Espagne et sur les métis, ainsi que de ce qui est conforme ou analogue dans la pratique des autres, je dois dire quelques mots du parcage, parce que ce procédé intéresse essentiellement l'agriculture, et a été l'objet de mainte discussion, en France et en Angleterre,

Quand je parle du parc, je n'entends point le parc domestique, c'est-à-dire, un enclos de murs sans abri, dans lequel les brebis passent toute l'année le temps qu'elles ne sont pas aux champs : je parle d'un enclos de claies dont la grandeur est proportionnée à la force du troupeau, et où on l'enferme pendant la nuit, pour fumer les terres.

L'usage du parc est de tous les pays où l'agriculture est perfectionnée. Dans les Départemens les mieux cultivés de la France, en Allemagne et en Angleterre, on parque les moutons sur les champs et sur les prés pour les améliorer., Personne n'a essayé de révoquer en doute l'avantage du parc : ce procédé est une manière d'apporter et de répandre, sans frais, sur les champs d'un domaine, la substance fertilisante qui, sans cela, aurait été en grande partie perdue, puisque les moutons se nourrissent dans des endroits où d'autres animaux trouveraient à peine à brouter. Ce simple énoncé suffit pour montrer que le parcage mérite toute l'attention des cultivateurs, et qu'en particulier, dans les situations isolées, où il est difficile de se procurer d'autres engrais que ceux qui se font sur le domaine, la ressource du parc est d'un prix infini.

Si l'avantage du parc pour les terres n'est point douteux, l'effet de ce procédé sur la santé des bêtes à laine et la prospérité des troupeaux, n'est pas aussi bien démontré

démontré. Il n'est pas prouvé du moins, que le parc soit sans inconvéniens pour toutes les races, et il est bien démontré qu'il en a, dans certains cas, pour toutes les bêtes à laine.

Les belles expériences de d'Aubenton à Montbard, ont montré que les brebis pouvaient vivre, se bien porter, donner de beaux agneaux et de belles laines, en n'ayant pas d'autres logemens d'été et d'hiver qu'un enclos de murs sans abri. Ce naturaliste a observé que ce régime avait non-seulement pour effet d'affermir la santé de la race qu'on y soumettait, mais encore d'affiner les laines (1) des animaux ainsi parqués toute l'année. Son principal but, lorsqu'il entreprit ces expériences,

_______________________

(1) Il paraît que cet effet de l'affinement des laines par le parc domestique n'a pas été observé sur des races d'Espagne, mais sur celles du Roussillon.

K

était d'ouvrir les yeux des cultivateurs sur l'abus d'enfermer les troupeaux dans des étables closes, où l'air ne se renouvelait point, et où les maladies auxquelles les moutons sont sujets, empiraient rapidement. Ce citoyen zélé entreprit de prouver le plus possible, pour vaincre un préjugé funeste; et pour mieux démontrer que les moutons ne craignent ni l'air, ni l'intempérie des saisons, il adopta une méthode extrême, dont la pratique des Anglais et des Ecossais avait pu lui fournir l'idée. Nous ne voyons point ce que ces essais lui ont coûté de pertes dans le début des expériences; mais il est certain qu'il était parvenu à avoir une race très-robuste, et que ses agneaux, qui souvent naissaient sous la neige, bravaient ensuite, dans le reste de leur vie, les extrêmes du froid et de l'humidité, sans en éprouver d'effets fâcheux.

Malgré ses succès, d'Aubenton a eu peu d'imitateurs ; et il ne faut pas s'en étonner. Les bons esprits se tiennent d'ordinaire en garde contre les méthodes extrêmes : ils ont vû que d'Aubenton avait voulu prouver le plus pour prouver le moins; et ils sont devenus partisans des bergeries aërées qui, avant d'Aubenton, étaient inconnues en France dans l'économie des troupeaux. D'ailleurs, pour adopter le parc domestique dans toute sa rigueur, et sans risquer les troupeaux qu'on y soumettrait, il faudrait avoir des animaux qui eussent passé les premiers mois de leur vie exposés sans abri à toutes les variations de l'atmosphère : une grande partie des bêtes à laine élevées de la manière ordinaire, y périraient probablement, et il faudrait peut-être essuyer bien des pertes avant de se faire une race suffisamment robuste pour supporter l'expérience : ce n'est pas là l'objet à rem-

plir : ce serait payer trop cher l'économie d'un toit.

La bergerie spacieuse, aërée, sèche,
et où l'on maintient, autant qu'il est possible, une température modérée, assure la
santé des troupeaux, sans avoir les inconvéniens du parc domestique. Quelle
qu'ait été la première éducation des brebis que l'on met dans une telle bergerie,
elles y prospèrent, parce que l'air, et une
litière sèche, conviennent à toutes les
bêtes à laine. Dans la saison la plus chaude
de l'année, une bergerie, quelque aërée
qu'elle soit, a cependant l'inconvénient
d'être trop chaude pendant la nuit : d'ailleurs, la fermentation plus rapide du fumier ajoute l'inconvénient des émanations
putrides à celui d'une chaleur trop forte :
les troupeaux sont alors bien plus saine-
ment logés pour la nuit, dans une en-
ceinte de claies à l'air libre.

Si l'on ne parquait que sur les champs de terres sablonneuses ou graveleuses ; si l'on pouvait être toujours. sûr que la pluie ne surviendra pas pendant la nuit , et ne détrempera pas complettement le terrain , de manière que les brebis ne pourront se coucher ; si enfin , le parc était toujours à portée des pâturages , ce logement pendant la belle saison, n'aurait que de l'avantage. Mais il y a des races qui ne supportent pas aisement les inconvéniens dont je parle ; et il y a des momens ( comme ceux de l'allaitement , de la tonte et la gestation avancée ) où il importe d'éviter que les brebis d'une race précieuse y soient exposées.

En Angleterre , le régime ordinaire des brebis , c'est d'être à l'air toute l'année. Malgré cette habitude de braver les injures du temps , il y a des races qui ne supportent pas le parcage : les bêtes à laine

abandonnées à elles-mêmes dans des champs
enclos, où elles passent plusieurs semaines
ou plusieurs mois, s'accoutument à choisir
leurs abris, à se coucher sur les pentes
opposées au vent, et qui permettent l'é-
coulement des eaux ; au lieu que dans
l'enclos resserré du parc, elles sont obli-
gées de supporter tous les accidens de
la température. Une autre circonstance
encore fait que des moutons accoutumés
au libre parcours en toute saison, et qui
couchent en plein air, peuvent pourtant
craindre le parc : c'est que dans la disposition de la culture d'une grande ferme,
le parc se trouve souvent très-éloigné du
pâturage ou les bêtes à laine ont passé la
journée. L'instinct des moutons les porte
à se coucher pour ruminer, lorsque leur
ventrée est faite : au lieu de cela, ils
sont forcés de faire quelquefois une demi
lieue ou plus, pour aller chercher le
parc : ils souffrent donc plus ou moins,

de cette longue promenade faite avec la panse pleine ; et, dans les troupeaux de plusieurs centaines de bêtes, l'inconvénient est encore plus grand, parce qu'elles s'échauffent davantage, parce que la conduite du troupeau par les chiens entraîne plus de difficultés, plus de pression et de chocs dans les passages étroits. Il y a des races, celle de Norfolk par exemple, qui sont assez robustes pour supporter ces inconvéniens, sans paraître en souffrir du tout : d'autres races, telles que celles de Southdow et de Wiltshire, en souffrent assez pour rendre la convenance du parc un point douteux parmi les cultivateurs ; d'autres races enfin, telles que celles de Ryeland, ne peuvent point soutenir le parc.

On voit donc que la convenance de parquer ou de ne pas parquer peut dépendre de certaines circonstances locales, et de la race que l'on a. Je puis dire, d'après mon expérience, que dans un terrain graveleux, et avec l'attention de ne pas choisir le pâturage de l'après-midi à une trop grande distance du parc, la race des mérinos supporte très-bien le par- cage. Mon troupeau a souvent été percé par des pluies d'orage, qui empêchaient les brebis de se coucher, et ne paraît pas en avoir souffert. Cependant, il est évident que les avantages du parc ne doi- vent rien faire donner au hasard, relati- vement à la santé et à la conservation d'une race aussi précieuse. Le parcage, qui dans certaines circonstances peut être l'objet principal de l'agriculteur, est clai- rement ici un objet subalterne, et doit être traité comme tel. Il faut parquer les mérinos pour leur éviter l'étouffement des bergeries pendant les chaleurs, mais il faut toujours faire céder l'avantage de l'amendement des terres à la plus légère convenance de salubrité pour ces animaux.

A Rambouillet, on ne commence à parquer que quinze jours après la tonte, et on termine le parcage dès que les matinées commencent à être fraîches : ce qui réduit à environ trois mois le temps du parc. Je ne connais aucune bonne raison de ne pas parquer au printemps dès que le temps est chaud. Les deux mois qui précèdent la tonte sont ceux où il importe le plus d'empêcher que les brebis ne souffrent de la chaleur de la nuit dans les bergeries. Comme, en général, les bergers aiment mieux ne pas parquer, parce que ce procédé leur donne un peu plus de peine, il est bien possible que cette cause ait agi sourdement à Rambouillet, et décidé un point qui, au fonds, ne paraît pas de première importance sur la santé des mérinos, puisqu'à Croissy où l'on ne parque point du tout, à Rambouillet où l'on ne parque que deux à trois mois , et à Lancy où l'on parque cinq ou six mois, les brebis se portent également bien.

D'après les expériences de d'Aubenton , on a cru que le parc rafinait les laines : cela peut être vrai pour les races sur lesquelles il a travaillé ; mais cela ne paraît pas l'être pour la race des mérinos : le troupeau de Croissy est renommé pour sa finesse ; et je rappellerai encore que la race de Ryeland , qui ne parque point , est la plus fine de l'Angleterre. Ce que j'ai remarqué , c'est que le parc blanchit sensiblement les toisons sur le dos de l'animal ; mais je crois que cet avantage est nul, en dernier resultat : c'est d'un bon lavage que dépend finalement la blancheur de la laine d'Espagne , et les laines de Croissy prennent un blanc tout aussi beau que celles qui ont subi le parc.

L'année dernière, j'ai suivi, pour parquer, la formule de d'Aubenton, c'est-à-dire, dix pieds carrés par bête, et deux coups de parc dans la nuit. Le blé semé sur cette préparation a été médiocre, et paraissait à peine avoir été fumé : il est vrai que le trèfle qui succède est d'une beauté très-remarquable, et que le terrain, qui est fort graveleux, est plutôt une terre à seigle qu'elle n'est propre au blé; mais comme j'avais aussi mis du seigle dans une partie du champ parqué, et que ce seigle a été médiocre, il est évident pour moi que la terre n'était pas suffisamment parquée. Cette année, j'ai attribué le même espace à chaque bête, mais je n'ai donné qu'un coup de parc par nuit, ce qui fait une fumure double : je rendrai compte de l'effet. Cela se rapprocherait de l'indication donnée par Arthur Young, et que j'ai comparée à celle de d'Aubenton, en m'étonnant que deux hommes si justement célèbres fussent si mal d'accord sur un point de fait comme celui-là ( I ). Quant à l'avantage du parc pour les terres, il ne peut différer que du plus au moins ; et ceux qui travaillent sur une race robuste, pour obtenir des métis, ne doivent hésiter à s'assurer l'amélioration qui résulte de cette pratique.

Ceux qui ne connaissent point l'économie des bêtes à laine, et qui cherchent des directions pour l'établissement d'un troupeau, peuvent desirer qu'on leur fournisse quelques renseignemens précis sur l'étendue de terrain nécessaire à un nombre déterminé de ces animaux ; sur les frais d'achat des brebis ; sur la construction des bergeries, les frais de parc, de

---

( 1 ) Voyez le V<sup>e</sup>. vol. d'Agriculture, de la *Bibl. Brit*, page 125.

bergers , de chiens , et de nourriture ; sur les non - valeurs et les pertes probables ; enfin sur tous les objets qui comportent le calcul , et qu'un propriétaire sage doit avoir bien examinés avant d'entreprendre une telle exploitation.

Il est très - difficile de rassembler sur ces divers points des données précises , et de résoudre ces questions d'une manière pleinement satisfaisante , parce que les circonstances dont la solution dépend sont nécessairement variables , selon les situations , le genre de culture , le prix des fourrages , la qualité des parcours , l'étendue relative des près où pâturages secs avec les champs d'un domaine , le prix des gages des domestiques et de leur entretien , etc. Il ne peut y avoir sur tout cela que des approximations ; mais comme en faisant les suppositions les moins favorables , il reste encore une très - grande latitude pour rassurer l'imagination du cultivateur sur le profit d'une telle entreprise, il y a quelque utilité à fixer les idées par des calculs.

Je dirai d'abord, avec Gilbert, que pour assurer la réussite, il vaut mieux rester; quant à la force du troupeau, un peu en-dessous de ce que le domaine pourrait nourrir de moutons à la rigueur. Il importe, comme je l'ai dit, que les brebis soient très-bien nourries pendant toute l'année, et sur-tout pendant l'hiver, qui est la saison critique pour elles. Il suffit d'une sécheresse pour rendre les fourrages de moitié moins abondans qu'ils ne le sont année commune. D'autres contrariétés de la saison peuvent empêcher de se procurer les nourritures supplétives pour hiverner les brebis. Pour peu qu'il y ait de pénurie dans la nourriture, les mères maigrissent, les agneaux souffrent ; la laine s'altère, et la race perd en stature et en force. Quand on fait le calcul des ressources d'un domaine pour alimenter le troupeau, il faut toujours penser que l'été peut être brûlant, ce qui anéantira les pâturages; ou très-pluvieux, ce qui forcera à nourrir souvent à la bergerie; que l'hiver peut être plus rigoureux et plus long que de coutume, ce qui fera consommer plus de fourrages : enfin il faut bien se dire qu'il vaut mieux rester de vingt bêtes au-dessous de ce qu'on pourrait nourrir, que d'en avoir une seule de trop.

Gilbert estime qu'un domaine de cent arpens, qui jouit de l'avantage de quelques friches, peut fort bien nourrir un troupeau de cent brebis mérinos, sans rien ôter aux autres bestiaux, entretenus sur le même terrain, et sans rien perdre sur les productions du domaine ( 1 ). Je crois cette estimation très-modérée, c'est-

---

( 1 ) Cela s'explique par l'accroissement considérable de fourrage et de paille qui résulte, pour le domaine , d'environ cent cinquante voitures d'excellent fumier produites par le troupeau. Il faut acheter du foin la première année, mais ensuite cela n'est plus nécessaire. On peut créer des fourrages à l'aide du parc , tels que les vesces et l'avoine qu'on coupe pour foin , et qui remplacent la jachère dans les terrains qui y étaient destinés : l'amélioration des prés rétablit bientôt l'équilibre entre les fourrages et les animaux de la ferme, sans reformer aucun de ceux-ci. Je nourris douze vaches de Suisse de grosse race , qui sont toute l'année sur le domaine , comme je le faisais avant d'avoir des moutons. Je prévois que dans deux ou trois ans je pourrai, vu l'amélioration qui résulte de l'engrais des moutons , augmenter le nombre de mes vaches, ou porter mon troupeau de brebis à un nombre plus considérable que celui auquel les ressources du domaine le fixaient dans le début. On remarquera que je ne fais aucun usage pour l'hiver et le printemps, des turneps, choux, etc, parce que la mauvaise police rurale et l'esprit de rapine, fruit de la révolution que nous avons éprouvée, empêchent que l'on ne puisse rien conserver en plain

à-dire

à-dire, précisément comme il fallait la faire pour qu'elle pût servir de base aux calculs. Le domaine que j'exploite est de quatre-vingt-dix-huit arpens de 48400 pieds de surface. Il y a là-dessus onze arpens de vignes, dont je n'ai fait aucun usage pour les moutons, et treize arpens de bois, qui sont trop éloignés pour que je puisse y envoyer le troupeau dans une autre saison que l'arrière-automne et l'hiver, quand le temps est sec. Sur les vingt-deux arpens de prés, il y en a six qui sont en pâturage exclusivement destiné aux moutons, mais où l'herbe est rare et courte. Sur les seize restant, il y en a quatre où le

---

champ depuis l'automne. Dans les endroits où cela est possible, la dépense est fort diminuée, et le troupeau s'en trouve mieux que de la nourriture sèche. Je n'ai donné jusqu'ici ni carrottes, ni pommes de terre, ni autres racines, parce que j'ai crains de m'écarter du régime auquel mes brebis élevées à Rambouillet ont été accoutumées.

L

troupeau n'entre jamais, et douze où il pâture après les vaches depuis fructidor jusqu'en germinal ( I ). Sur les cinquante-deux arpens de champs, il y en a, année commune, environ un cinquième en trèfle ou luzerne, et un dixième en jachère : le reste est occupé par des grains hivernés, et des graines de printemps ou plantage. Pendant l'automne et l'hiver, le troupeau

---

( I ) J'ai laissé mon troupeau dans un pré hâtif jusqu'au 4 germinal, cette année. Il y avait une portion de ce pré qui était un peu humide, et dans laquelle je ne le laissais pas entrer : une rigole, que les chiens gardaient, séparait les deux portions. Quand j'ai cessé de faire pâturer le troupeau dans ce pré, la partie qui avait été ménagée avait de l'herbe de 4 à 5 pouces de haut : la partie pâturée était parfaitement rase. Le 29 floréal, le pré a été fauché, et il était impossible de découvrir la moindre différence dans la longueur et l'abondance de l'herbe, non plus que dans sa maturité, entre une portion et l'autre. Ce fait a paru fort surprenant aux domestiques : ils avaient annoncé qu'il n'y aurait point de récolte dans la partie pâturée.

parcourt tout ce qui n'est pas en blé ou
en vigne ( 1 ). Pendant le printemps ; il
pâture dans les jachères, dans les six arpens de pâturage qui lui sont destinés;
et dans les fourrages verts semés pour être
consommés sur la place. Pendant l'été, il
a les mêmes pâturages; et, de plus, les
chaumes aussitôt après moisson, les jeunes
trèfles ( 2 ), et enfin les prés secs, aussitôt que le regains sont coupés.

---

( 1 ) Dans les vignes graveleuses et herbeuses, on
peut fort bien mettre les troupeaux depuis la ven-
dange jusqu'à la taille : cela se fait dans le Pays-de-
Vaud sans inconvénient. Je ne le fais pas, parce que
mes vignes sont d'une terre trop argileuse.

( 2 ) C'est une erreur de croire que les jeunes trèfles souffrent de la dent du mouton : jamais je ne
les eus plus beau que cette année, où ils ont été
rongés par les moutons depuis la moisson de l'année
dernière jusqu'en germinal. Mais il ne faut point y
faire entrer ceux-ci à jeûn, ni les y laisser trop long-
temps, de crainte de gonflement.

L 2

Avec ces ressources, mon troupeau, dont le nombre moyen a été de cent quarante bêtes, a consommé, dans l'année finie le premier prairial dernier, trois cents quintaux de foin ou luzerne de première qualité, trois mille cinq cents fascines de frênes, de peuplier et de chêne, dix quintaux d'avoine, sept de son, et environ un quintal de sel. Voilà des faits qui peuvent aider chacun, selon sa position, à calculer d'une manière approximative ce qui lui en coûtera pour nourrir son troupeau, et jusqu'à quel nombre il pourra le porter. Essayons ce calcul, pour un troupeau destiné aux croisemens, et de cent brebis.

Il faut d'abord penser au logement. Si l'on a une grange ou remise que l'on puisse aërer suffisamment, il en coûte peu de chose pour y établir les rateliers. Mais supposons qu'il faille élever un couvert et l'enclore de palissades , en profitant d'un mur déjà existant , pour le garantir du côté du Nord.

Les frais moyens d'une telle costruction très-

légère , pourront aller. à . . . . . . . L. 1800
24 claies de 10 pieds pour le parc, à 3 liv.    72
La cabane mobile du berger . . . . .    48
Achat de cent brebis d'une race de Suisse , à 9 liv.    900
Achat de trois beliers Espagnols , à 150 liv. (1)    450
Achat de deux chiens de berger , à 24 liv. . . 48

Total des premiers débours pour l'établissement du troupeau . . . . . . . . Liv. 3318

———

(1) Je fais la supposition la plus coûteuse, celle d'avoir trois beliers pour ne faire durer la monte que deux ou trois mois.

L 3

## *Frais annuels.*

Gages et nourriture du berger et de son aide,

    et entretien des chiens. . . . . . . Liv. 1000

Trois cents quintaux de foin, à 3 liv. ( 1 ) .   900

Dix quintaux d'avoine, à 8 liv. . . . .   80

Sept quintaux de son, à 5 liv. . . . . .   35

Un quintal de sel. . . . . . . . . .   8

Tonte et faux frais . . . . . . . . . .   24

            Total des frais annuels.  L. 2048

---

( 1 ) Je compte pour 140 bêtes, quoiqu'il n'y ait
que cent brebis, parce que 80 agneaux que je suppose réussis, sur les cent, demandent d'être nourris,
et je compte deux agneaux pour une bête adulte. Je
ne fais pas entrer les fascines en ligne de compte,
parce qu'elles sont au moins aussi bonnes pour brûler
après que les moutons en ont mangé la feuille : je
dis au moins, parce qu'on remarque que ces fagots
coupés dans la séve d'août brûlent mieux que d'autres.

## *Rentrées annuelles.*

Tonté de cent brebis de Suisse, trois quintaux en suint, à 35 sols la livre.  . . L.  520
Tonte des trois beliers mérinos, trente livres
  en suint , à 3 liv. . . . . . . . . . 90
Cent cinquante chars de fumier , à 6 liv. le
  char ( 1 ) . . . . . . . . . . 900
Vente de 80 agneaux métis, avec leur toison
  à 24 liv. . . . . . . . . . . . 1920

        Total des rentrées. . . . L. 3430
        Frais à déduire. . . . . 2047

      Intérêt du capital. . . . L. 1383

---

( 1 ) J'ai tenu le compte de la quantité de fumier
que font les moutons : elle est beaucoup plus considérable, à nourriture égale, que celle que fait le
gros bétail. Je reste en-dessous du vrai en comptant
une voiture et demie par brebis; y compris le parc
et le sable amélioré. Le fumier des agneaux est par
dessus. Je ne compte rien pour la paille, par cette
raison , et parce que le prix de 6 livres, qui est
celui du fumier ordinaire, est trop bas pour un fumier dont l'effet est beaucoup plus actif. On peut être

Je n'ai pas supposé de perte dans les brebis, parce que j'ai forcé la supposition des pertes sur les agneaux, mais si l'on veut supposer le remplacement de douze brebis, il restera encore quarante pour cent d'intérêt du principal.

On sent bien que la supposition de la vente de tous les agneaux métis est absurde, parce qu'on entreprend les croisemens pour obtenir une amélioration graduelle, et qu'à mesure que les métisses seraient en âge de prendre le belier, elles remplaceraient les brebis communes. Essayons le compte des deux prémières années dans cette supposition, qui est la plus juste.

Au lieu de 80 agneaux à vendre, il

certain que l'engrais que font les moutons paie le fourrage qu'ils consomment.

n'y aurait que les mâles à ôter du troupeau , supposons 40 : cela réduirait à
13 pour cent l'intérêt du principal , pour
cette première année.

A la seconde année le compte des
rentrées serait comme suit :

Trois quintaux de laine de Suisse. . . . . L. 520
Trente livres de laine d'Espagne. . . . . 90
Fumier . . . . . . . . . . . . . . . 900
Tonte de 40 antenoises , à six livres pesant
   la toison , et à 40 sols la livre. . . . . 480
Vente de quarante agneaux mâles, à 24 liv. . 960
Vente de quarante brebis de Suisse, à 9 liv. . 360

       Rentrées . . . . . . . . L. 3310
       Frais à déduire. . . - , . 2047

       Intérêt du capital . . . . L. 1363

On sent qu'à mesure que les métisses
deviennent portières , et remplacent les

brebis de Suisse, le fond capital augmente beaucoup de valeur. On sent aussi qu'à mesure que les croisemens se multiplient, la laine prend un plus haut prix et augmente en quantité. Chacun peut pousser jusqu'à la troisième ou quatrième génération la supposition des croisemens, et calculer le rapport d'un tel troupeau amené au degré de superfin. Les apperçus que j'ai donné suffisent pour montrer qu'il n'y a aucune spéculation agricole dont les profits puissent être comparés à ceux d'une exploitation de ce genre, si elle est bien conduite.

De l'Imprimerie de Luc SESTIÉ
a Genève.

Belier de trois ans, Merino, élevé à Rambouillet, actuellement à Lancy près de Genève.

Brebis de quatre ans, Merino, avec Son Agneau mâle de cinq Mois, du troupeau de Lancy.

Chez J. J. PASCHOUD , Libraire et Commission-
naire en Librairie , *à GENÈVE*.

## LIVRES NOUVEAUX.

FAITS et Observations sur la race des merinos d'Espagne ,
à laine superfine et les croisemens, par Charles Pictet de
Genève , 1 vol. in-8. avec fig. . . . . . . 1 l. 16 s.

*Il primo Navigatore di Gessner , in due canti , tradotto dal
fraucese in italiano in versi scioti*, in-12. . 1 l. 10 s.

ÉDUCATION PRATIQUE, traduction libre de l'angl. de Maria
Edgeworth , par Charles Pictet de Genève , nouvelle édition
augmentée , 2 vol. in-8. . . . . . . . . . 6 l.

MÉMOIRES sur l'influence de l'air et de diverses substances
gazeuses dans la germination de différentes graines , par
les cit. François HUBER, Membre de plusieurs Sociétés
savantes , et Jean SENEBIER, Membre associé de l'Institut national. 1 vol. in-8. . . . . . . . 2 l. 10 s.

TRAITÉ DES ASSOLEMENS, ou de l'Art d'établir les rotations
de récoltes, par Ch. PICTET de Genève , 1 vol. in-8. 3 l.

OBSERVATIONS sur la fièvre des prisons, sur les moyens
de la prévenir en arrêtant les progrès de la contagion , à
l'aide *des Fumigations de gaz nitrique* , et sur l'utilité de
ces fumigations pour la destruction des odeurs et des mias-
mes contagieux , etc. traduites librement de l'anglais du
Dr. James Carmichael-Smith Méd. extr. de sa M. Brit.
suivies d'un extrait des Observations du Dr. James Currie
de Liverpool, sur les bons effets des aspersions d'eau
froide dans les fièvres ; terminées par des observations addi-
tonnelles sur les fumigations de gaz nitrique , en réponse
aux objections faites contre ces fumigations, par le Cit.
Guyton - Morveau , dans son traité des moyens de désin-
fecter l'air ; avec une instruction sur les moyens d'en faire
usage par Louis Odier, Dr. et Prof. en médecine à Genève , 1 vol. in-8. . . . . . . . . . 2 l. 10 s.

TABLEAU de l'agriculture toscane , par J. C. L. Simonde de
Genève , M. C. de l'Académie Royale des Georgofiles de
Florence. 1 vol. in-8. avec figures. . . . . . 3 l.

PHYSIOLOGIE VÉGÉTALE contenant une description anato-
mique des organes des plantes, par Jean Senebier, Membre
associé de l'Institut national etc. 5 vol. in-8. beau papier
azuré. . . . . . . . . . . . . . 21 l.

TRAITÉ DES ENGRAIS , tiré des différens rapports faits au
Département d'Agriculture d'Angleterre, avec des notes ;
suivi de la traduction du mémoire de Kirwan sur les engrais

et de l'explication des principaux termes chimiques employés
dans cet ouvrage ; par F. G. Maurice, Secrétaire de la Société
des Arts de Genève , etc. 1 volume in-8. de 500 pages.   5 l.

MÉMOIRE HISTORIQUE sur la vie et les écrits de Horace-
Bénédict Desaussure , pour servir d'introduction à la lecture
de ses ouvrages, par Jean Senebier , Membre associé de
l'Inst. nat. etc. lu à la Société de physique et d'histoire naturelle de Genève, le 23 prairial an 8, 1 vol. in-8.   2 l. 10 s.

L'AMI DES PARENS , traduit de l'angl. de Maria Edgeworth.
2 volumes in-12. . . . . . . . . . . . . . 3 l.

LES SOIRÉES DE L'HERMITAGE, contes traduits de l'anglais
pour l'instruction et l'amusement de la jeunesse, 2 volumes
in-12. . . . . . . . . . . . . . . . . . . 3 l.

LE VOYAGEUR sentimental en France sous Robespierre , par
Vernes de Genève , autéur du Voyageur sentimental à Yver-
dun etc. 2 vol. in-12. fig. d'environ 400 pages chacun.   4 l.

LES PROMENADES CHAMPETRES , dialogues à l'usage des
jeunes personnes, traduits de l'anglais de Charlotte Smith ,
3 vol. in 12. figures. . . . . . . . . . . . . 5 l.

OBSERVATIONS sur les morts apparentes, ou Instructions
sur les moyens de rappeler à la vie les asphyxiés, traduit
librement de l'angl. par L. Odier, Dr. et Prof. en médecine
à Genève , in-8. avec planches . . . . . 1 l. 16 s.

VOYAGE dans mes poches , avec cette épigraphe : *Da placi-
cidam fesso , lector , amice , manum.* in-12. . . 1 l. 4 s.

ADELE DE SENANGE , ou lettres de Lord Sidenham , par
Mde. Flahaut, 2 vol. in-12. . . . . . . . . 3 l.

CONSTITUTION actuelle de la République française , publiée
en l'an 8 , in-12. . . . . . . . . . . . . . 6 s.

LES JARDINS , ou l'Art d'embellir les paysages, par Jaques
Delisle , in-18. jolie édition avec figure. . . 1 l. 4 s.

DE LA FIN de la révolution française , et de la stabilité possible du Gouvernement actuel, in 8. . . . 1 l. 10 s.

AGENDA du voyageur géologue, par le professeur Desaussure,
in-8. . . . . . . . . . . . . . . . . . . 1 l. 10 s.

LE NOUVEAU ROBINSON pour servir à l'instruction et à
l'amusement de la jeunesse trad. de l'allemand de Campe ,
nouv. édit. revue et corrigée, 2 vol. in-12. figures. . 3 l.

LES SOIRÉES au logis, ou le porte-feuille de la jeunesse ,
traduit de l'anglais, 5 vol. in-12 . . . . . 7 l. 10 s.

COURS de morale religieuse, par M. Necker, 3 volumes
in-8. . . . . . . . . . . . . . . . . . . 10 l. 10 s.

*Excerpta ex Tito Livio ad usum scholarum ,* in-12. 1 l. 10 s.

TRAITÉ historique et pratique de la vaccine, avec un examen
impartial de ses avantages et des objections qui leur sont
opposées, et tout ce qui concerne la pratique du nouveau
mode d'inoculation, par Moreau de la Sarthe. in-8.   4 l.

REMEDES curatifs et préservatifs pour les maladies du bétail.
in-12. . . . . . . . . . . . . . . . . . . 1 l. 4 s.

www.ingramcontent.com/pod-product-compliance
Lightning Source LLC
LaVergne TN
LVHW050744200726
843507LV00001B/65